Sisyphos im Management

Stefan Kühl ist Professor für Soziologie mit Schwerpunkt Organisationsforschung an der Universität Bielefeld. Er arbeitet als Organisationsberater der Firma Metaplan in Quickborn für Ministerien, Unternehmen, Verwaltungen, Krankenhäuser und Universitäten.

In seiner Trilogie zu neuen Entwicklungen im Management sind im Campus Verlag außerdem »Wenn die Affen den Zoo regieren. Die Tücken der flachen Hierarchien« (6., akt. Auflage 2015) und »Das Regenmacher-Phänomen. Widersprüche im Konzept der lernenden Organisation« (2., akt. Auflage 2015) erschienen.

Kontakt zum Autor über stefan.kuehl@uni-bielefeld.de
oder stefankuehl@metaplan.com.

Stefan Kühl

SISYPHOS IM MANAGEMENT

DIE VERGEBLICHE SUCHE NACH DER OPTIMALEN ORGANISATIONSSTRUKTUR

2., aktualisierte Auflage

Campus Verlag
Frankfurt/New York

Bibliografische Information der Deutschen Nationalbibliothek
Die Deutsche Nationalbibliothek verzeichnet diese Publikation in der Deutschen Nationalbibliografie; detaillierte bibliografische Daten sind im Internet unter http://dnb.d-nb.de abrufbar.

ISBN der Print-Ausgabe: 978-3-593-50226-7
ISBN der ePDF-Ausgabe: 978-3-593-43039-3
ISBN der EPUB-Ausgabe: 978-3-593-43221-2

Umschlaggestaltung: Guido Klütsch, Köln
Umschlagmotiv: © istockphoto.com/erhui1979
Satz: Campus Verlag GmbH, Frankfurt am Main
Druck und Bindung: CPI buchbücher.de, Birkach
Gedruckt auf Papier aus zertifizierten Rohstoffen (FSC/PEFC).
Printed in Germany

www.campus.de

Kontakt: Werderstr. 10, 69469 Weinheim, info@campus.de

Inhalt

Die optimale Organisationsstruktur und die Suche nach dem heiligen Gral der Organisation – Vorwort

Den Traum von der optimalen Organisationsstruktur gab es schon, bevor sich im 17. und 18. Jahrhundert ein allgemeines Verständnis ausbildete, was eine Organisation überhaupt ist. Schon die Sassaniden, die im 3. Jahrhundert nach Christus Persien dominierten, debattierten, wie man die Herstellung von Glas und Seide optimieren könnte. Zur Hochzeit des Stadtstaates Venedig im Spätmittelalter und in der frühen Neuzeit diskutierten die Räte, wie die Schiffsproduktion am effizientesten organisiert werden könnte. Die holländischen und britischen Kaufleute, die im 16. und 17. Jahrhundert ihre Schiffe nach Asien schickten, um Gewürze einzukaufen, berieten darüber, wie diese Unternehmungen am besten strukturiert werden könnten. Und heute verwenden Unternehmen, Verwaltungen, Armeen, Krankenhäuser, Universitäten, Schulen und Verbände viel Zeit darauf, die Organisationsform auszumachen, die ihnen den am besten geeigneten Rahmen für die optimale Ausführung ihrer Arbeiten bietet.

Gibt es diese optimalen Organisationsstrukturen aber wirklich? Zwar suggerieren Managementbücher, Artikel in Wirtschaftszeitschriften und die Foliengewitter in Praktikervorträgen, dass man den heiligen Gral der Organisation gefunden hat oder jedenfalls sehr nahe daran ist, ihn zu finden. Schaut man jedoch genauer hin, wird offenbar, mit wie viel Widersprüchen die nach Perfektion strebenden Organisationen zu kämpfen haben.

Einerseits sollen Mitarbeiter als »Unternehmer im Unternehmen« innerhalb der Organisation konkurrieren, andererseits sollen sie mit anderen Mitarbeitern kooperieren können. Motto: Alle ziehen gemeinsam an einem Strang, aber nur die Besten setzen sich durch. Einerseits wird von den Mitarbeitern verlangt, dass sie ihren eigenen Weg gehen, andererseits sollen sie das Gesamtziel der Organisation nicht aus den Augen verlieren. Motto: Jeder sucht sich seinen eigenen Weg, aber wir sitzen alle in einem Boot. Einerseits sollen die Mitglieder – wenn nötig – die von oben verordneten Regelwerke verletzen, andererseits die von der Organisation vorgegebenen Strukturen achten. Motto: Tu, was du willst, aber verletze ja nicht die geschriebenen und ungeschriebenen Gesetze. Einerseits soll für Querdenker mit ihrer Kreativität und Flexibilität Platz und Handlungsspielraum vorhanden sein, andererseits sollen die Ressourcen der Organisation möglichst effektiv eingesetzt werden. Motto: Sei unorthodox, behindere dadurch aber nicht die im Namen der Effizienz stattfindende Standardisierung von Abläufen.

Gerade in Organisationen, die Entscheidungskompetenzen dezentralisieren, ihre Hierarchiestufen reduzieren und die strikte Abgrenzung von Abteilungen auflösen, stellen sich grundlegende Koordinationsprobleme: Wie wird die schwierige Koordination zwischen selbstständigen, vorrangig auf sich selbst bezogenen Einheiten hergestellt? Wie lässt sich die Koordination zwischen teilautonomen Gruppen, Prozesslinien, Segmenten oder Profitcentern organisieren, obwohl ihnen ein hohes Maß an Autonomie zugestanden wird? Wie findet der Ausgleich zwischen der geförderten und geforderten lokalen Rationalität der Teams und der Gesamtrationalität der Organisation statt? Das grundlegende Problem von Organisationen ist: Je mehr die einzelnen Einheiten einer Organisation in der Lage sind, sich zu verselbstständigen, desto dringender, aber auch komplizierter wird die Integration dieser Einheiten in die Gesamtorganisation. Mit der zunehmenden Differenzierung in selbstorganisierte, teilautonome Einheiten wird die Integration immer schwieriger, gleichzeitig aber auch immer notwendiger.

Unter diesen Bedingungen ähnelt die Suche nach der optimalen Organisationsstruktur den Bemühungen des Sisyphos, der vergeblich versucht, mit seinem Felsbrocken den Gipfel des Berges zu erklimmen. Genauso wie der Felsbrocken Sisyphos immer wieder entgleitet, genauso wird die Hoffnung des Managements, die optimale Organisationsstruktur gefunden zu haben, immer wieder zunichtegemacht. Die Maßnahmen zur stromlinienförmigen Gestaltung der Organisation produzieren ungewollte Nebenfolgen, die häufig erst nach einiger Zeit zutage treten. Ein zentrales Organisationsproblem mag man in den Griff bekommen haben, aber nur auf Kosten neuer organisatorischer Baustellen, die sich vor dem Management auftun.

Dieses Buch zerstört die Hoffnung, eine optimale Organisationsstruktur für ein Unternehmen, eine Verwaltung, ein Krankenhaus, eine Universität oder eine Armee finden zu können. Es erklärt die ungewollten Nebenfolgen und die paradoxen Effekte, mit denen sich das nach Perfektion und Qualität strebende Management herumschlägt. Nach einer grundlegenden Erörterung des Problems der Suche nach der optimalen Organisationsstruktur (Kapitel 1), die problemlos auch erst am Ende gelesen werden kann, beschäftige ich mich in diesem Buch mit den zentralen Fragen, die sich das Management von Organisationen stellt, wenn es versucht, die Organisation zu optimieren: Warum wehren sich Mitarbeiter gegen die eigene »Ermächtigung« im Rahmen von Dezentralisierungsmaßnahmen (Kapitel 2)? Weswegen lässt sich eine Organisation nicht wie ein großer interner Markt organisieren (Kapitel 3)? Weswegen führt Qualitätsmanagement häufig nicht zu mehr Qualität, sondern zu mehr Bürokratie (Kapitel 4)? Weswegen ist das Ergebnis einer konsequenten Dezentralisierung in einigen Fällen die Zentralisierung von Entscheidungen (Kapitel 5)? Weswegen sind Gruppenarbeitsprojekte nach den Kriterien der Promotoren häufig nur begrenzt erfolgreich und am Ende dann doch erfolgreich scheiternde Projekte (Kapitel 6)? Wie versuchen Unternehmen sich an den Vorstellungen von »gutem Management« zu orientieren und sich trotz der Orientierung an der Best Practice als »einzigartig« darzustellen (Kapitel 7)? Und wie soll man mit den Schwierigkeiten bei der Suche nach der optimalen Organisationsstruktur umgehen (Kapitel 8)?

Die drei Seiten einer Organisation

Bei der Analyse von Organisationen kommt es darauf an, immer die drei Seiten der Organisation im Blick zu haben: die *Schauseite*, also die nach außen dargestellte aufgehübschte Fassade der Organisation; die *formale* Seite, die mehr oder minder präzise aufeinander abgestimmten Erwartungen also, an die sich ein Mitglied zu halten hat, wenn es Mitglied bleiben will; und die *informale Seite*, die Routinen also, die sich in der alltäglichen Arbeitspraxis eingeschlichen haben und sich im Schatten der formalen Seite ausbilden.

Es ist ein unvermeidlicher Effekt der Arbeitsteilung, dass die Mitglieder der Organisation ihre Perspektive besonders auf eine Seite richten (vgl. Kühl 2011: 92). Im mittleren Management dominieren Spezialisten für die formale Programmierung von Organisationen. Hier werden Zielvorgaben ersonnen und neue Regeln formuliert, an die sich die Mitarbeiter zu halten haben. In den operativen Bereichen einer Organisation müssen diese formalen Vorgaben umgesetzt werden. Dies erfordert aber häufig viel spielerische Kreativität beim Auslegen, Reinterpretieren und Unterlaufen der formalisierten Vorgaben. Spezialisten für die informale Seite werden verständlicherweise nicht – beispielsweise als »Chief Informality Officer« – im Organigramm einer Organisation ausgeflaggt; häufig übernehmen Mitarbeiter aus der Personalentwicklung die Rolle des Ansprechpartners für alles, was sich nicht ohne Weiteres in der Formalstruktur der Organisation auffangen lässt. Eine vorrangige Aufgabe der Spitzenpositionen in Organisationen ist es – unterstützt durch Kommunikations-, Presse- und Marketingabteilungen –, die Schauseite der Organisation herzurichten.

Auch wenn es zum guten Stil eines Organisationsmitglieds gehört, zu betonen, dass man immer alle drei Seiten der Organisation im Blick hat, tendieren Organisationsmitglieder abhängig von ihrer Position jedoch dazu, eine der Seiten zu verabsolutieren. Die Formalstrukturexperten haben auf die vielfältigen Ausprägungen von Informalität und die alltäglichen Regelverletzungen in Organisationen häufig nur eine Perspektive: Sie müssen »in Ordnung« gebracht werden. Es werden Berater für Qualitätsmanagement bestellt, die die häufig vorkommenden Regelabweichungen identifizieren und eliminieren sollen. Oder es werden eigene Abteilungen für Controlling oder Konformität – neudeutsch: Compliance – eingerichtet, die die Aufgabe haben, die Regelabweichungen in der Organisation zu minimieren. Schließlich sehen die »Kulturexperten« in den informalen Arbeitsprozessen nicht selten sowohl den »Hort der Menschlichkeit« in einer entfremdeten Arbeitswelt als auch den »Schlüssel zu einer gesteigerten Wirtschaftlichkeit«. Die Verbesserung der »Chemie« wird als Ansatzpunkt dafür gesehen, sowohl glücklichere Mitarbeiter als auch bessere Organisationsergebnisse zu erzielen. Beim Spitzenpersonal von Organisationen lässt sich dagegen beobachten, dass die Prozesse in der Organisation vorzugsweise von der »Schauseite« aus betrachtet werden. Schon Chester Barnard (1938: 120), selbst eine Zeit lang Spitzenmanager beim Telefonkonzern AT&T, hielt fest, dass das Spitzenpersonal das Regelwerk der eigenen Organisation häufig nicht überschaue und weitgehend ahnungslos sei, welche Einflüsse, Einstellungen und Verhaltensweisen die Organisation im Alltag prägen.

Die Spezialisierung und Fokussierung auf je eine Seite der Organisation leuchtet im Sinne von Arbeitsteilung ein. Genauso wie es Sinn ergibt, dass in Unternehmen Spezialisten für Einkauf, Produktion und Vertrieb beschäftigt werden oder in Krankenhäusern jeweils gesonderte Experten für die ärztliche Behandlung, die Abrechnung von Leistungen und die Reinigung der Gänge, scheint es funktional zu sein, wenn Organisationen unterschiedliche Expertisen für die formale Seite, für die informale Seite und für die Schauseite der Organisation vorrätig halten. Eine Ministerin würde sich – und besonders ihr Ministerium – überfordern, wenn sie neben ihrer Schaufensterfunktion für politische Entscheidungen auch noch den Anspruch hätte, das für die Organisation relevante formale Regelwerk zu verstehen und die vielfältigen informalen Abstimmungsprozesse in ihrem Ministerium zu überblicken. Für eine Fließbandarbeiterin in einem Automobilzulieferbetrieb reicht es aus, wenn sie die für sie relevanten formalen Anforderungen mitgeteilt bekommt und sich ein Wissen aneignet, wie diese im Notfall informal unterlaufen werden können. Für den Aufbau der Schauseite des Unternehmens braucht sie sich nicht zuständig zu fühlen.

Will man jedoch ein umfassendes Verständnis von der Funktionsweise einer Organisation erhalten, dann muss man nicht nur in der Lage sein, alle drei Seiten der Organisation mit ihren jeweiligen Logiken zu erfassen, sondern darüber hinaus auch verstehen, wie diese drei Seiten in Organisationen ineinandergreifen. Ich nehme in diesem Buch die mit modischen Managementhemen aufgehübschte Schauseite der Organisation zum Ausgangspunkt meiner Analyse und zeige, dass Organisationen in keinster Weise nach den auf der Schauseite propagierten Prinzipien funktionieren. Am Beispiel einer ganzen Reihe von Vorreiterorganisationen zeige ich, wie die Abläufe im Schatten der Schauseite funktionieren und wie sehr diese Funktionsweise den Präsentationen auf der Schauseite widerspricht. Das soll aber die Funktionalität der Schauseite nicht infrage stellen. Im Gegenteil – eine Organisation, die sich nach außen darstellen würde, wie sie »in Wirklichkeit« funktioniert, würde vermutlich schnell an ihrer Authentizität zerbrechen.

Während ich mich in meinen beiden anderen Büchern über neue Organisationsformen – »Wenn die Affen den Zoo regieren. Die Tücken der flachen Hierarchien« (Kühl 2015a) und »Das Regenmacher-Phänomen. Widersprüche im Konzept der lernenden Organisation« (Kühl 2015b) – darauf konzentriert habe, zu zeigen, was passieren würde, wenn die auf der Schauseite propagierten Prinzipien eins zu eins umgesetzt werden würden, blicke ich in diesem Buch auf der Basis einer Tiefenanalyse von Vorreiterorganisationen systematisch hinter deren Schauseite und zeige, welche Effekte die auf der formalen Seite umgesetzten Dezentralisierungs- und Enthierarchisierungsmaßnahmen auf der informalen Seite der Organisation haben.

Die Widersprüche, Dilemmata und Paradoxien, die beim Blick hinter die Schauseite der Organisation zu beobachten sind, stellen aus der organisationswissenschaftlichen Perspektive keineswegs eine

Pathologie dar. Aus der Perspektive der systemtheoretischen Organisationsforschung müssen sich Organisationen zwangsläufig mit widersprüchlichen Erwartungen auseinandersetzen, weil sie von außen an die Organisation herangetragen werden. Diese widersprüchlichen Erwartungen können durch die Delegation an verschiedene Abteilungen oder Hierarchieebenen abgefedert werden, resultieren aber zwangsläufig in Differenzen zwischen diesen Abteilungen und Hierarchieebenen.

Wider den Drang zum »Allerneusten«

In der Managementliteratur gibt es einen bedauerlichen Drang zum »Aktuellsten«, zum »Allerneusten«. Dieser Neuigkeitsdrang mag auf den ersten Blick nachvollziehbar sein. Es herrscht unter Organisationsberatern ein erbitterter Wettstreit darum, wer in der Lage ist, das nächste neue »Best-Practice-Modell« vorlegen zu können. Auf dem Markt für Managementbücher kann man als Autor nur noch Bestseller positionieren, wenn man mindestens eine Revolution verkündet.

In der Regel wird mit diesen neuartigen Konzepten aber nur alter Wein in neuen Schläuchen verkauft. Die früher als »flexible Firma«, »modulare Organisation« oder »Adhocratie« bezeichneten postbürokratischen Organisationsformen werden jetzt als »fluide Gebilde«, »agile Systeme« oder »fraktale Organisationen« angepriesen. Die vor einigen Jahren noch unter dem Begriff der »virtuellen Organisation« oder »Netzwerkorganisationen« propagierten Überlegungen zu populären Vernetzungskonzepten werden jetzt unter Labels wie »communities of practice« oder »crowds of wisdom« neu vermarktet.

Mit diesem Hang zum »Aktuellsten«, zum »Neusten«, zum »Heißesten« – darauf haben Henry Mintzberg, Bruce Ahlstrand und Joseph Lampel (1999: 21) hingewiesen – wird nicht nur jenen Klassikern der Organisationsforschung unrecht getan, die schon vor Jahrzehnten viele heute als Neuigkeit verkaufte Entwicklungen beschrieben haben. Das Problem besteht besonders darin, dass Leserinnen und Lesern häufig das »banale Neue« anstelle des »signifikanten Alten« vorgesetzt wird.

Die Erfindung immer neuer Organisationskonzepte darf nicht darüber hinwegtäuschen, dass die Probleme weitgehend die gleichen bleiben. Ich nutze deswegen die verbale Aufgeregtheit in der Managementliteratur lediglich, um in Auseinandersetzung mit den vermeintlich neuen Organisationsprinzipien grundlegende wissenschaftliche Einsichten in die Funktionsweise von postbürokratischen Organisationen so aufzubereiten, dass sie an die Diskussionen von Praktikern anschlussfähig sind.

Zum Spannungsverhältnis von Organisationstheorie und Organisationspraxis

Man könnte es sich leicht machen und davon ausgehen, dass die in der Wissenschaft produzierten Erkenntnisse über Widersprüche, Dilemmata und Paradoxien schon irgendwie in die Denkweise des Managements einsickern werden. Diese Hoffnung verbirgt sich hinter dem von wissenschaftlich orientierten Beratern gern zitierten Spruch des Psychologen Kurt Lewin, dass es nichts Praktischeres als eine gute Theorie gebe.

Auf den ersten Blick klingt das plausibel. Publikationen von Managern und Beratern schmücken sich häufig mit Insignien der Wissenschaft. Für Marketingzwecke konzipierte Studien von Beratungsfirmen werden mit einer wissenschaftlich wirkenden Methodik aufgewertet. Berater oder Manager schmücken ihre Artikel in Fachzeitschriften für Praktiker mit Verweisen auf wissenschaftliche Literatur. Und nicht nur unter Politikern, sondern auch unter Unternehmensmanagern gehört es in einigen Ländern inzwischen dazu, sich auch einen Doktortitel zuzulegen, um zusätzlich noch mit wissenschaftlichen Kompetenzinsignien glänzen zu können, und erst wenn dieser Doktortitel wegen eines Plagiats entzogen wird, erklären Vorgesetzte oder Politiker, dass man den betreffenden Ex-Doktor als Minister oder Geschäftsführer und nicht als wissenschaftlichen Mitarbeiter eingestellt habe.

Diesem auf der Schauseite von Organisationen gepflegten Nexus von wissenschaftlicher Theorie und außerwissenschaftlicher Praxis zum Trotz darf man jedoch nicht verkennen, dass Wissenschaft, Beratung und Management nach ganz unterschiedlichen Logiken funktionieren und sich deswegen quasi zwangsläufig »Kommunikationssperren« ausbilden. Wissenschaftler orientieren sich an der Produktion von »wahrem Wissen«, ohne sich Gedanken über die Verwendung dieses Wissens machen zu müssen. Berater profitieren zwar davon, wenn sie ihre Konzepte als wissenschaftlich ausflaggen können, aber letztlich geht es darum, dass ihre Konzepte zu den Problemen ihrer Kunden passen. Für das Management ist es im Grunde irrelevant, ob die eingeschlagene Vorgehensweise auch in den Augen von Organisationswissenschaftlern überzeugend erscheint. Die Hauptsache ist, dass sie in der Praxis die gewünschten Wirkungen erzielt.

Dieses Buch ist insofern ungewöhnlich, als es bewusst den Brückenschlag zwischen Organisationswissenschaft und Organisationspraxis versucht, ohne die Spannung zwischen diesen beiden Bereichen grundsätzlich aufheben zu wollen. Damit mute ich sowohl Organisationswissenschaftlern als auch Organisationspraktikern etwas zu: *Organisationswissenschaftler* werden mit einer eher ungewöhnlichen Präsentationsform konfrontiert. Dieses Buch basiert auf Artikeln, die allesamt zuerst in wissenschaftlichen Zeitschriften erschienen sind und mit ausführlichen Theoriediskussionen, Methodenexplikationen und Falldarstellungen an wissenschaftlichen Publikationsstandards orientiert waren. Für eine bessere Lesbarkeit dieses Buches wurden die wissenschaftlichen Aspekte hier stark verschlankt. Stark reduzierte Literaturlisten, das Weglassen beeindruckender Statistiken und der Verzicht auf die ausführliche Wiedergabe mündlicher Zitate allein führen in der Wissenschaft schon zu einem Rezeptionshemmnis. Aber ich kann garantieren, dass – wenn sie sich auf die ungewöhnliche Darstellungsform einlassen – für Organisationswissenschaftler die eine oder andere interessante Überlegung dabei sein wird. *Organisationspraktikern* wird zugemutet, mit einem eher ungewohnten Bild von Organisationen konfrontiert zu werden. Die Betonung von Paradoxien, Dilemmata und ungewohnten Nebenfolgen passt nicht zu dem Bild, das Praktiker normalerweise von Organisationen gezeichnet bekommen. Meine Hoffnung ist aber, dass die hier vorgestellten Beschreibungen letztlich näher an der Realitätswahrnehmung von Praktikern sind als die auf Eingängigkeit und Stromlinienförmigkeit getrimmten üblichen Managementbücher.

Bei aller Betonung von ungewollten Nebenfolgen, Paradoxien und Widersprüchen – dieses Buch zeigt auch, warum der Traum von der optimalen Organisationsstruktur fortbestehen wird und dass dies sogar eine Funktionalität hat. Nur weil der Felsbrocken immer wieder erst kurz vor dem Gipfel den Berg hinunterrollt, setzt Sisyphos seine Bemühungen fort. Albert Camus hat in seinem Mythos des Sisyphos festgestellt, dass der Mensch zwar von Gott verlassen sein mag und hoffnungs- und hilflos auf sich selbst zurückgeworfen ist, jedoch trotz der Widersprüchlichkeiten der menschlichen Existenz glücklich sei. Gleiches gilt auch für den Manager: Er kann die ungewollten Nebenfolgen, Paradoxien und Widersprüche auf dem Weg zur optimalen Organisationsstruktur nicht zum Anlass nehmen, die Suche danach aufzugeben. Vielmehr zeigt sich ihm erst in der Fortsetzung der vergeblichen Suche nach der optimalen Organisationsstruktur der Sinn all dieser Widrigkeiten.

1. Zum Umgang mit Paradoxien und Dilemmata neuer Organisationsformen – Einleitung

»Organisieren ist wenn einer aufschreibt, was andere arbeiten.«
Kurt Tucholsky

Die Diskussion über neue Organisationsstrukturen von Unternehmen, Verwaltungen, Universitäten, Krankenhäusern, Kirchen, Hochschulen, Verbänden oder Vereinen ist nur vor dem Hintergrund der maßgeblich durch die Arbeiten von Max Weber, Frederick Taylor und Henri Fayol geprägten Auffassung von bürokratisch organisierten und stark hierarchisch strukturierten Organisationen zu verstehen. Auch wenn es Weber in seinen Überlegungen zum bürokratischen Idealtypus nicht wie Taylor und Fayol um die Beschreibung eines »besten Weges« ging, in der eine Organisation sich strukturieren sollte, sondern um eine Analysemethode zur Überprüfung empirischer Phänomene, entstanden doch in allen drei Fällen sehr schlüssige Beschreibungen von Organisationen. Der methodisch gedachte Idealtypus Webers und die normativ konzipierten Idealmodelle von Taylor und Fayol ähneln sich durch einen unübersehbaren Respekt für die Prägnanz und Schlüssigkeit von Organisationen.

Bei Weber ebenso wie bei Taylor und Fayol ist die Idee zu erkennen, dass Organisationen aus einer rationalen Anordnung von Zwecken und Mitteln bestehen. Es handle, so Max Weber (1976: 13), derjenige zweckrational, der in seinem Handeln verschiedene Zwecke gegeneinander abwägt, die günstigsten Mittel zur Erreichung der definierten Zwecke wählt und in diesem Auswahlprozess von Zwecken und Mitteln mögliche unerwünschte Nebenfolgen mit in Betracht zieht. Um zweckrationale Entscheidungen im Sinne Webers treffen zu können, ist es notwendig, dass der Entscheider sich über seine Interessen, Wünsche und Werte klar ist, möglichst vollständige Informationen über alle Handlungsalternativen sammelt und die Konsequenzen der verschiedenen Alternativen sorgfältig abwägt.

Zweckrationalität bezieht sich dabei nicht auf die Tatsache, dass das Handeln von Akteuren an Zwecken orientiert ist, sondern bezeichnet die Durchdeklinierung der Organisation von einem Oberzweck aus. Mit diesem Konzept der Zweckrationalität ist es möglich, die ganze Organisation in Form von Zweck-Mittel-Ketten durchzukonstruieren: Die Führung der Organisation definiert ein allgemeines Ziel, das erreicht werden soll (z.B. »Wir wollen im CD-Musikgeschäft weltweit Nummer eins sein«). Dann werden Mittel bestimmt, mit dem dieses Oberziel am besten erreicht werden kann (z.B. »Wir wollen Madonna unter Vertrag nehmen«). Die definierten Mittel zur Erreichung des Oberziels werden dann wiederum als Unterziele definiert, und es werden Mittel zur Erreichung der Unterziele bestimmt (z.B. »Wir nehmen erst Madonnas Ehemann unter Vertrag. So kommen wir auch an sie heran«). So entsteht eine hierarchische Kette aus Ober- und Unterzielen, mit der jede Handlung in der Organisation durchstrukturiert werden kann (vgl. March/Simon 1958: 191).

1.1. Das Junktim zwischen zweckrationaler Entscheidungsfindung und dem bürokratischen Organisationsmodell

Auffällig ist: Bei Webers Organisationsverständnis, aber auch bei Taylors wissenschaftlicher Betriebsführung und bei Fayols Verwaltungslehre gibt es ein enges Junktim zwischen einer zweckrationalen Entscheidungsfindung in der Organisation und einem bürokratischen bzw. tayloristischen Idealtypus. Es herrschte die Überzeugung, dass es keine Organisationsform gibt, die es mit den hierarchisch strukturierten und bürokratisch organisierten Unternehmen oder Verwaltungen in Sachen Rationalität (und letztlich Leistungsfähigkeit) aufnehmen kann. Weber (1976: 128ff.) ging ähnlich wie Taylor und Fayol davon aus, dass sich die Spitze der Hierarchie mit den Zwecken der Organisation identifiziert und diese in viele kleine Arbeitsaufgaben zerlegt. Über eine tief gestaffelte Hierarchie wird die Aufteilung in genau definierte Arbeitsaufgaben organisiert. Die Aufgaben werden mit den Personen besetzt, die am ehesten für ihre Erledigung qualifiziert sind. Da die obere Ebene der Hierarchie damit überfordert wäre, in jedem Einzelfall Anweisungen an die niedrigeren Ebenen zu geben, etabliert sie Programme, die den Weisungsempfängern Aufschluss darüber geben, wie sie sich in Normalsituationen zu verhalten haben. Die Programme werden über formalisierte Arbeitsanweisungen im Gedächtnis der Organisation verankert. Die durchgeführten Arbeitsabläufe werden schriftlich in Akten (oder später in Computerdateien) dokumentiert. Die Leitungsebene der Hierarchie kann sich auf die Kontrolle der Regeleinhaltung und die Behandlung von Sonderfällen konzentrieren.

Es ist in der Organisationsforschung immer wieder hervorgehoben worden, dass der bürokratische Idealtypus eine große Ähnlichkeit mit der Funktionsweise einer Maschine zeigt. Wie die Maschine besteht eine Bürokratie aus genau definierten Einzelteilen, die in einem präzise bestimmten Verhältnis zueinander stehen. Dabei sind alle Einzelteile auf den Zweck der Maschine ausgerichtet und werden erst im Zusammenwirken mit den anderen Teilen sinnvoll. Ein Keilriemen ohne eine Verbindung zu anderen Teilen der Maschine ist wertlos, genauso wie eine Personalabteilung nur durch die Kombination mit anderen Abteilungen ihren Sinn beispielsweise für eine Gemeindeverwaltung hat. Die Bürokratie mag wie die Maschine aus sehr vielen Einzelteilen und Verknüpfungen bestehen, aber letztlich ist ihre Komplexität durch präzise Beschreibungen der Abläufe handhabbar. Die Bedienungsanleitung – oder das Organisationshandbuch – wird nur entsprechend dicker. Durch externe Eingriffe können Einzelteile und deren Beziehungen zueinander verändert und so die Bürokratie oder Maschine auf neue Anforderungen ausgerichtet werden (vgl. z. B. Luhmann 1966: 36f.; Bardmann 1994: 260ff.).

1.2. Eine neue Vorstellung, wie die optimale Organisationsstruktur aussieht

Die in den 1920er, 1930er Jahren einsetzende kritische Auseinandersetzung mit dem bürokratisch-tayloristischen Organisationstyp hat dazu geführt, dass schrittweise ein dezentraler Typ als optimale Organisationsstruktur am Möglichkeitshorizont erschien (siehe dazu Udy 1959). Es schien für Organisationen Erfolg versprechender, zentrale Zuständigkeiten aufzugeben und Entscheidungen auf möglichst niedrige Ebenen der Organisation zu verlagern. In strategischen Fragen wurden Entscheidungskompetenzen von der Organisationsspitze in Profitcenter, Segmente oder Geschäftsbereiche verlagert, die durch eine hohe Integration aller Funktionen als »Organisation in der Organisation« funktionierten. In der operativen Ausrichtung wurden die Rationalisierungsmaßnahmen nicht mehr allein durch spezialisierte Stäbe vorgenommen, sondern das Expertenwissen der Mitarbeiter sollte durch Maßnahmen wie kontinuierliche Verbesserungsprozesse und Qualitätszirkel gehoben und genutzt werden. Die Hierarchie wurde abgeflacht, indem Einzelarbeitsplätze aufgelöst und die Mitarbeiter in Gruppen und Teams zusammengezogen wurden.

Spätestens in den 1990er Jahren hat sich ein dezentrales Organisationsmodell herausgebildet, das von verschiedenen Gruppen in der Organisation breit unterstützt wurde. Manager und Betriebsräte, Verbandsfunktionäre der Arbeitgeber- und der Arbeitnehmerschaft, Experten aus so unterschiedlichen Disziplinen wie der Betriebswirtschaftslehre, den Ingenieurswissenschaften und der Arbeitswissenschaft und nicht zuletzt die Wirtschaftsmedien erklärten ein auf flacher Hierarchie, Gruppenarbeit und Projektarbeit basierendes dezentralisiertes Organisationsmodell als dem bürokratischen Idealmodell überlegen. Wohl nie zuvor hatten sich so verschiedene Gruppen so einmütig zu einem Organisationstyp bekannt.

Die Rede war vom Übergang von einem traditionellen zu einem neuen Ordnungsrahmen. Die Kostenvorteile dezentraler Organisationsstrukturen, die gewachsene Vorbildung der arbeitenden Bevölkerung, die Entwicklung neuer Technologien und die Emanzipationsansprüche hätten, so die Überzeugung, zu einem neuen Ordnungsrahmen geführt, dem sich das Management nur noch schwer entziehen könne. Die Vorstellungen von »gutem Handeln« im Management seien so in einem neuen Ordnungsrahmen verdichtet, dass in Unternehmen, Verwaltungen, Krankenhäusern oder Schulen ganz selbstverständlich davon ausgegangen werde, dass Neuerungen wie Mitarbeiter-Empowerment, Gruppenarbeit, Outsourcing, Zielvereinbarung, kontinuierlicher Verbesserungsprozess oder Profitcenter-Strukturierung im Sinne des Unternehmens seien.

Aber die Vorstellungen von einer neuen optimalen Organisationsstruktur führten nicht dazu, dass die zweckrationale Einengung im Organisationsverständnis aufgegeben wurde. Auch die Promotoren einer dezentralen Organisationsstruktur hielten in der Regel an einem zweckrationalen Verständnis fest – nur wurde das, was als zweckrational angesehen wurde, je nach Umfeldbedingungen variiert. In einem turbulenten Umfeld sei es eben rationaler, mit einer dezentralen, abgeflachten, adhocratischen, agilen Organisationsform zu agieren, während es in einem stabilen Umfeld sehr wohl Sinn ergeben könne, auf eine Organisationsform zurückzugreifen, die dem bürokratischen Idealtyp Webers, Taylors oder Fayols ähnelte.

Das Verdienst dieser zweckrationalen Lesart von Organisationsprozessen darf nicht übersehen werden: Die Forschungen aus Industriesoziologie, Arbeitswissenschaft, Organisationspsychologie und Betriebswirtschaftslehre haben bewirkt, dass die Rationalisierungsprozesse in Organisationen unter einer genauen Beobachtung stehen und in der Wissenschaft eine intensive Debatte über die Bewertung der beobachteten Rationalisierungsstrategien stattfindet.

Das Problem dieses zweckrationalen Ansatzes besteht jedoch in einer Engführung der Diskussion über neue Organisationsformen. Letztlich lässt sich die Debatte darüber in großen Teilen der Betriebswirtschaftslehre, der Industriesoziologie, der Arbeitswissenschaft und der Organisationspsychologie in ein Vier-Felder-Schema pressen (vgl. Kühl 2004: 71ff.). In der einen Hinsicht dreht sich die Debatte um die Frage, welche Strategie – eine zentralistisch orientierte oder eine dezentral ausgelegte – am ehesten zur Erreichung des Organisationszwecks beiträgt. In der anderen Hinsicht geht es um die Frage, wie sich die für die Organisation als rational erweisenden zentralen oder dezentralen Organisationsstrategien für die Mitarbeiter darstellen: Tragen die bürokratischen bzw. die postbürokratischen Strategien zur Zufriedenheit, Selbstverwirklichung, Befreiung von Entfremdung bei oder nicht? Wie eng hängen Zufriedenheit der Arbeitnehmer und wirtschaftlicher Erfolg der Arbeitgeber zusammen?

Innerhalb dieses Vier-Felder-Schemas finden sich vielfältige Differenzierungsmöglichkeiten. Man debattiert, ob Qualitätszirkel eher zum bürokratisch-tayloristischen oder zum postbürokratischen Organisationsmodell zu zählen sind. Man streitet, ob die Diskrepanz zwischen groß angekündigten Veränderungen der Organisationskultur und der wirklichen Organisationspraxis einen starken Desillusionierungseffekt mit sich bringt. Man kann die aus dezentralen Organisationsstrukturen entstehenden paradoxen Arbeitsanforderungen an die Mitarbeiter darstellen und auf die Problematik dieser neuen Arbeitsformen verweisen. Man kann debattieren, wie in Amerika oder Europa ein »bester Weg« der Reorganisation aussieht, der sich jenseits der asiatischen Rationalisierungsstrategien bewegt. Man kann diskutieren, ob eine weitgehend teilautonome oder eine eher restriktive Form der Gruppenarbeit die Arbeitszufriedenheit der Mitarbeiter mehr erhöht.

Diese Debatte war – wie der zweckrationale Zugang zu Organisationen allgemein – anschlussfähig an die konkreten Auseinandersetzungen in Organisationen, in denen Manager, Mitarbeiter, Personalräte und Berater darum ringen, wie die Organisation konkret aussehen soll. Da diese Debatte in Organisationen häufig im Hinblick auf einen als gesetzt betrachteten Zweck (Gewinn, effiziente Verwaltung, gute Arbeitsbedingungen, Umweltschutz) geführt wird, können zweckrational formulierte Überlegungen aus der Wissenschaft gut an die Probleme, Gedanken und Ideen von Praktikern angeschlossen werden.

1.3. Paradoxien und Dilemmata – ein neuer Fokus

Die Herausforderung für Management und Beratung – aber auch für die Forschung – besteht darin, die vielfältigen paradoxen Effekte und Dilemmata zu erklären, die in den Reorganisationsprozessen auftreten. Nachdem besonders im späten zwanzigsten Jahrhundert der dezentrale, enthierarchisierte Ordnungsrahmen jedenfalls auf der Schauseite der Organisationen so dominant war, dass selbst in der wissenschaftlichen Forschung nur vereinzelt kritische und zweifelnde Stimmen wahrzunehmen waren, bildet sich jetzt zunehmend in den Organisationen selbst – besonders aber auch in der Beratung und der Forschung – ein tiefer gehendes Verständnis von Paradoxien und Dilemmata dezentralisierter, enthierarchisierter Organisationen.

Die Begriffe Paradox und Dilemma markieren jeweils unterschiedliche Problembereiche. Mit dem Begriff des *Paradoxes* wird auf eine Situation verwiesen, in der widersprüchliche Elemente in einer Aussage vorhanden sind und diese aus widersprüchlichen Elementen bestehende Aussage für sich den Anspruch auf Richtigkeit erhält. Mit paradoxen Formulierungen wie »sei spontan« wird auf eine besondere Form von Wahrheit hingelenkt, die ihre Wurzeln in der offensichtlichen Widersprüchlichkeit der zwei Elemente einer Aussage hat.

Auch mit dem Begriff des *Dilemmas* wird auf die Schwierigkeiten angesichts zweier gegensätzlicher Alternativen verwiesen, wenn für beide gleich gute Gründe sprechen. Im Gegensatz zum prinzipiell nicht aufzulösenden Paradox wird mit dem Begriff des Dilemmas stärker der Druck auf die Organisation betont, sich für eine der Alternativen zu entscheiden, obwohl eine genau entgegengesetzte Handlungsempfehlung ähnlich attraktiv erscheint. Aufgrund von Konsistenzanforderungen und Handlungsdruck kann die Widersprüchlichkeit in der Wahrnehmung von Entscheidern nicht einfach beibehalten werden, sondern muss in die eine oder die andere Richtung aufgelöst werden. Man meint sich für eine Seite des Dilemmas entscheiden zu müssen.

Es wäre ein Fehlschluss, anzunehmen, dass Paradoxien und Dilemmata nur in den neuen dezentralisierten Organisationsformen entstehen. Auch für bürokratisch-tayloristische Organisationen sind vielfach paradoxe Situationen beschrieben worden. In den »klassischen« Organisationsformen scheinen die Paradoxien und Dilemmata durch verschiedene auf der Sach-, Zeit- und Sozialdimension verankerte Strategien jedoch einigermaßen kontrollierbar zu sein.

Eine erste, auf die *Sachdimension* zielende Strategie bestand darin, die Ausbildung lokaler Rationalitäten zuzulassen, indem klar voneinander abgetrennte Abteilungen geschaffen wurden und die entstehenden Konflikte durch Zurverfügungstellung finanzieller Reserven als zusätzliche Ressourcen abgemildert wurden. Schon Richard Cyert und James March (1963) haben darauf hingewiesen, dass in hierarchischen, stark arbeitsteilig strukturierten Organisationen Zielkonflikte dadurch reduziert werden können, dass die konkurrierenden Ziele jeweils unterschiedlichen organisatorischen Einheiten zugewiesen werden. Die in der Organisation bestehenden Zielkonflikte werden in Konflikte zwischen Abteilungen umgewandelt, die dort aber durch ausreichenden Slack – »organisatorischen Schlupf« – reduziert werden können. So können finanzielle Reserven dazu beitragen, dass konkurrierende Abteilungen nicht zu gemeinsamen Entscheidungen kommen müssen. Zwischenläger reduzieren die Auseinandersetzungen zwischen Produktions- und Vertriebsbereich, weil sich nicht jede Störung gleich in der vor- bzw. nachgelagerten Abteilung auswirkt. Weil große, bürokratisch strukturierte Organisationen Zielkonflikte besonders gut unterschiedlichen Einheiten zuordnen können und sie über Ressourcen verfügen, die die Zielkonflikte zwischen den verschiedenen Bereichen abmildern, hält William H. Starbuck (1988: 67f.) diese bürokratischen Organisationen gar für besonders paradoxietolerant.

Eine zweite, auf die *Zeitdimension* zielende Strategie zur Dilemmavermeidung besteht in Organisationen darin, jeweils nur eine Seite des Dilemmas zu betonen, sich aber die Option offenzuhalten, zu anderen Zeiten die andere Seite in den Mittelpunkt des Handelns zu stellen. Aus dieser Perspektive erscheint gerade die Geschichte vieler Unternehmen des zwanzigsten Jahrhunderts als eine Geschichte des permanenten wellenartigen Hin-und-her-Treibens zwischen zwei gegensätzlichen Polen. Nach einer Diversifizierungsphase kommt es zu einer Konzentration auf Kernkompetenzen, nach der wieder auf Diversifizierung gesetzt wird, um danach dann wieder auf einige wenige Kernkompetenzen zu setzen. Diese Strategie zur Dilemmavermeidung geht davon aus, dass die Umweltanforderungen so berechenbar und kalkulierbar sind, dass man sich als Organisation jeweils auf eine Seite des Dilemmas konzentrieren kann (vgl. Brunsson/Olsen 1993: 35ff.).

Eine dritte, auf die *Sozialdimension* zielende Strategie von Organisationen besteht darin, die Paradoxien, Dilemmata und widersprüchlichen Anforderungen als Problem der Organisationsmitglieder zu reformulieren. Gerade durch die Ausbildung von Managerrollen werden grundlegende Widersprüche der Organisation in persönliche Dilemmata übersetzt. Die Leiterin einer Filiale muss die widersprüchlichen Forderungen des übergeordneten Managements nach kurzfristiger Profitabilität ihres Geschäftsbereichs einerseits und nach langfristigen, die kurzfristige Profitabilität reduzierenden Investitionen andererseits unter einen Hut bringen. Der Meister in der Produktion muss die Notwendigkeit eines ungestörten Produktionsflusses und die rapiden Marktveränderungen sowie die Innovationswünsche des strategischen Managements vereinbaren. Bis zu einem gewissen Maße kann die Existenz des Managements damit, dass es Paradoxien, Dilemmata und Widersprüchlichkeiten der Organisation zu seinem eigenen Problem macht, gesichert werden. Wenn die Umfeldbedingungen der Organisation eindeutig wären, dann könnte die Organisation einen Großrechner zum Vorstandsvorsitzenden machen und die mittleren Managementpositionen durch an den Großrechner angeschlossene Personal Computer ersetzen (vgl. Luhmann 1964: 214).

Gerade weil Paradoxien und Dilemmata in Organisationen eingebettet sind, kann es in klassisch strukturierten Organisationen immer wieder vorkommen, dass diese Phänomene in mehr oder minder kanalisierter Form eskalieren. Die Streitereien und Konflikte zwischen Abteilungen, die heftigen Debatten über einen Strategiewechsel oder der Ausbruch eines Managers »Ich halte diesen Zirkus hier nicht mehr aus« führen dazu, dass Paradoxien und Widersprüchlichkeiten in einigen wenigen Augenblicken offensichtlich werden.

Was jetzt jedoch auffällt, ist, dass im Zuge des Dezentralisierungs- und Enthierarchisierungsdiskurses Paradoxien und Dilemmata auch in den Selbstbeschreibungen von Organisationen einen zentralen Stellenwert erhalten. Die Aufgabe des Managements von Unternehmen, aber auch von Verwaltungen, Krankenhäusern, Kirchen oder Hochschulen wird zunehmend darin gesehen, die Komplexitätswahrnehmung der Organisation zu erhöhen, indem es zur Entfaltung von Dilemmata, Paradoxien und Widersprüchen beiträgt. Es gehe – so der Tenor – nicht mehr im Sinne von James D. Thompson (1967: 10ff.) darum, das Management als unsicherheitsabsorbierende Einheit zu verstehen, die es einem wertschöpfenden technischen Kern ermöglicht, nach eindeutigen Prinzipien zu funktionieren, sondern vielmehr darum, das Management als Paradoxieentfaltungsinstanz zu betrachten.

Deswegen ist es auch nur konsequent, dass sich Manager und Berater in den letzten Jahren von einem Verständnis gelöst haben, in dem Paradoxien und Dilemmata als Pathologien der Organisation begriffen werden. In der Managementliteratur setzen sich immer mehr die Ansätze durch, die Paradoxien und Dilemmata eine Berechtigung einräumen.

2.
Die Heimtücke der eigenen Organisationsgeschichte

»Die Perfektion einer geplanten Struktur wird nur von Organisationen erreicht, die kurz vor ihrem Kollaps stehen.«
Cyril Northcote Parkinson

Bei der Einführung von Dezentralisierung und Enthierarchisierung haben wir es mit einem Paradox zu tun. Die Dezentralisierung und Enthierarchisierung, die den Mitarbeitern mehr Einfluss geben soll, wird von den betroffenen Mitarbeitern nicht akzeptiert, sie begegnen den Ankündigungen des Managements mit großem Misstrauen. Schon bei der Begleitforschung zu den Humanisierungsprojekten der 1970er Jahre wurde festgestellt, dass die Befragten mehrheitlich die bestehende Einzelarbeit den Arbeitsformen mit kooperativeren Beziehungen wie Gruppenarbeit vorzogen (Altmann 1982: 294). Und in einer internationalen Vergleichsstudie zur Gruppenarbeit aus den 1990er Jahren wurden Fälle von Unternehmen angeführt, in denen die Mitarbeiterinnen dem Management anboten, ihr Arbeitspensum zu erhöhen, wenn dieses nur auf die Einführung von Gruppenarbeit verzichten würde (Fröhlich/Pekruhl 1996: 117).

Auf den ersten Blick haben wir es hier mit einer interessanten Situation zu tun. Das Management räumt den Mitarbeitern bisher nicht gekannte Handlungsmöglichkeiten ein. Statt Anweisungen gibt es gemeinsame Zielvereinbarungen. Mitarbeiter können selbst über die Art und Weise entscheiden, in der sie Aufträge abwickeln, und organisieren sich ihre Arbeitszeiten selbst. Organisationsabläufe können ohne Rücksprache mit Führungskräften geändert werden. Aus der Perspektive der Führungskräfte scheint es dann paradox, dass viele der Maßnahmen, die den Mitarbeitern eigentlich zusätzliche Kompetenzen, Einfluss und Entscheidungsgewalt verschaffen sollen, gerade bei der Belegschaft auf Widerwillen und teilweise sogar auf Widerstand stoßen. Das inzwischen von Organisationsführern und Organisationsberatern ohne jedes Zögern im Munde geführte Konzept der Dezentralisierung, das – jedenfalls in seiner konsequenten Form – den Mitarbeitern mehr Macht und mehr Entscheidungskompetenzen bringen soll, scheint in vielen Organisationen gerade von diesen Mitarbeitern unterlaufen zu werden.

Woran liegt das? Weswegen nehmen viele Mitarbeiter die ihnen angebotenen Entscheidungs- und Gestaltungskompetenzen nur so widerwillig wahr?

Üblicherweise wird dieser Widerstand mit handwerklichen Fehlern im Veränderungsprozess erklärt. Als Begründung für das Scheitern von Veränderungsprozessen werden etwa »fehlende Konsequenz bei der Umsetzung der Erkenntnisse«, »mangelnde Information und Kommunikation«, »zu wenig analytisches und methodisches Vorgehen«, »inkonsequentes, halbherziges Vorgehen«, »falsche Zeit- und Zielvorgaben«, »mangelnde Professionalität der Beteiligten«, »fehlendes Vorleben des obersten Managements«, die geringe Einbeziehung der »Betroffenen«, das Fehlen von »Mut und Durchhaltevermögen« und das »Festhalten an Abläufen« angeführt.

Diese personalisierenden Erklärungen greifen jedoch zu kurz. In diesem Kapitel wird gezeigt, dass die Gründe für den Widerspruch und den Widerstand der Mitarbeiter tiefer liegen. Am Beispiel eines mittelständisch organisierten Unternehmens der metallverarbeitenden Industrie – nennen wir es Tristan – wird gezeigt, weswegen es auch nach Einschätzung der Manager und Berater trotz quasi »idealer« Bedingungen für einen Dezentralisierungsprozess zu vielen Irritationen kam.

Auf dem Unternehmen lastete ein großer Veränderungsdruck, ausgelöst durch Auftragsrückgang in den traditionellen Heimatmärkten, zunehmende Internationalisierung, rückläufige Preise für die Standardprodukte und aggressiveres Marketing des Wettbewerbs. Die zuständige Führungskraft hatte das Ziel, den Dezentralisierungsprozess nach dem neuesten Stand des »Change Managements« durchzuführen, und initiierte die Umstellung auf dezentrale Strukturen im Rahmen eines durch Berater und Wissenschaftler begleiteten Gestaltungsprojektes.

Das Veränderungsprojekt stand unter der Hauptmaxime einer sehr frühen Einbeziehung der Mitarbeiter in diesen Prozess. Man hoffte, so möglichst viele zu bedenkende Aspekte zu erfassen und die Qualität der gefundenen Lösungen zu verbessern. Ferner sollte die »Einsicht in die Notwendigkeit« von Veränderungen gefördert werden, Konflikte sollten möglichst früh aktiv angegangen und für den Prozess genutzt werden. Als Prozessbegleiter standen sowohl ein interner als auch externe Berater zur Verfügung, die sich auf einige Grundprinzipien verständigten: »Nie gegen Interessen der Betroffenen richten«, weil sonst »Konflikte vorprogrammiert« seien; der »Zweck der jeweiligen eingesetzten Methode muss erkennbar sein«, weil »fehlende Transparenz zu Widerständen« führe; und schließlich sei eine »Rückmeldung der Resultate« geboten, weil »ansonsten die Gefahr der Enttäuschung und Frustration« drohe.

Auffällig ist, dass massive Widerstände der Mitarbeiter zu beobachten waren, obwohl »handwerkliche Fehler« weitestgehend vermieden wurden und der Prozess aus der Sicht der Berater »perfekt gestaltet« war. Der Hauptvorwurf gegen das Management lautete, es handele anders als ursprünglich angekündigt. Mit Äußerungen wie »Never touch a running system«, mit der Vermutung, dass bestimmte Vorhaben »sowieso nach wenigen Monaten wieder einschlafen« würden sowie mit Hinweisen auf die Vergangenheit, wo ein ähnliches Projekt schon einmal »in die Binsen gegangen« war, bauten einige Mitarbeiter eine Verteidigungshaltung gegenüber Veränderungen auf. Aus der Sicht des Personal- und Organisationsentwicklers von Tristan gab es in der Belegschaft eine ausgeprägte Kultur des »Abduckens«: Man wartete einfach ab, bis die Welle der Veränderung über einen hinweggeschwappt war, und schaute aus sicherer Position zu, wie sie sich totlief. Man harrte einfach aus, bis der »Sturm vorbei war«.

Am Beispiel dieses Unternehmens lassen sich drei Paradoxien im Umstellungsprozess auf dezentrale Organisationsstrukturen herausarbeiten, die das Misstrauen der Mitarbeiter gegen das Management erklären. Paradox sind Aussagen oder Handlungen, die einerseits einen Richtigkeits- oder Konsistenzanspruch erheben, andererseits aber in sich widersprüchlich sind. Bei einem Paradox werden bewusst oder unbewusst zwei entgegengesetzte und widersprüchliche Begriffe oder Vorstellungen gleichzeitig proklamiert, ohne dass man sich aber – wie bei einem Dilemma – für einen der beiden Pole entscheiden könnte.

Anhand der drei Paradoxien soll versucht werden, den häufig zu beobachtenden Konsistenzanspruch in Dezentralisierungsprozessen zu hinterfragen. Es soll gezeigt werden, dass die Diskrepanz zwischen Reden und Handeln in Dezentralisierungsprozessen nicht auf handwerkliche Fehler im Management und der Widerstand der Mitarbeiter nicht auf deren Sozialisation in hierarchischen Strukturen zurückzuführen ist. Vielmehr ergeben sich allein durch die Geschichte der Organisation paradoxe Situationen, die nicht durch ein Mehr an Kommunikation oder Partizipation aufzulösen sind.

Der folgende Teil (Abschnitt 2.1.) beschäftigt sich mit der Tendenz von Organisationen, dezentrale Strukturen auf zentralistische Weise einzuführen. Wenn die Aufforderung »Sei selbstständig!« von oben kommt, erscheint sie den Mitarbeitern paradox. Im zweiten Teil (Abschnitt 2.2.) wird herausgearbeitet, dass die Mitarbeiter im Zuge von Dezentralisierungsprozessen zwar neue Entscheidungsbefugnisse erhalten, die Führungskraft sich aber immer noch die Kompetenz zur Rezentralisierung der dezentral getroffenen Entscheidungen vorbehält. Dieses »Entscheide-selbst-aber-nur-unter-Vorbehalt«-Paradox entsteht durch Beibehaltung einer, wenn auch abgeflachten, Hierarchie in dezentralisierten Organisationen. Im dritten Teil (Abschnitt 2.3.) wird das Phänomen analysiert, dass im Zuge von Dezentralisierungsprozessen die Selbstorganisation der Mitarbeiter als etwas Neues eingeführt wird, womit gesagt wird, dass die vorher bestehenden informalen, häufig illegalen Regelanpassungen nicht als eine Form von Selbstorganisation betrachtet werden. Im abschließenden vierten Teil

(Abschnitt 2.4.) wird thematisiert, wie Manager und Mitarbeiter sich paradoxe Verhaltensanforderungen gegenseitig zuspielen. Dieses Spiel muss aber nicht als ein Fall von kollektiver Schizophrenie angesehen werden, sondern kann als ein Prozess permanenter kollektiver Selbstverständigung betrachtet werden.[1]

2.1. Das »Sei-Selbstständig«-Paradox: Die zentralistische Einführung dezentraler Strukturen

Es ist auffällig, dass die Initiative zur Implementation von dezentralen Strukturen in der Regel von den Unternehmern, der Geschäftsführung oder der höheren Führungsebene ausgeht. Es gibt in der Literatur kaum Berichte von Fällen, in denen die Maßnahmen zur Dezentralisierung von den »einfachen Mitarbeitern« angestoßen wurden.

Die zentralistische Initiierung und die sogenannte »Prozesserzwingung« als Konzept von Dezentralisierung ist häufig kritisiert worden. Michael Hammer, einer der Begründer des Business Process Reengineering, erklärte es für paradox, »wie autokratisch, von oben nach unten und undemokratisch« die Einführung der Reengineering-Prozesse häufig abläuft (zitiert nach Vansina/Taillieu 1996: 32). Die Vordenker der Gruppenarbeitsdiskussion, Wolfgang Kötter und Gerd Kullmann, beklagen, dass die »Veränderungen zu den tendenziell auf dezentraler Selbststeuerung beruhenden Strukturen und Prozessen« auf die »bisherige zentralistische Art und Weise beschlossen und angegangen« würden. Die Aufgabenstellung und Zielbestimmung erfolge in den »alten, arbeitsteilig-hierarchischen Organisationsstrukturen«, was dazu führe, dass der Übergang von der hierarchisch-zentralistischen zur flexiblen, lernfähigen Organisation im Detail vorausgeplant werde (siehe Kötter/Kullmann 1996: 42).

In tayloristisch organisierten Unternehmen erzeugte der Umstand, dass das Management und nicht die Mitarbeiterschaft die treibende Kraft von Veränderungsprozessen darstellte, keine Paradoxien. Bei der Einführung eines neuen Fließbands oder der Installation einer neuen Software konnte der Manager die angestrebte Veränderung in dem Unternehmen nach »unten« weitergeben und die Veränderung »vor Ort« durchführen lassen. Die Mitarbeiter operationalisierten die von oben initiierte Innovation in Projektgruppen und setzten die Innovation nach Abstimmung mit der Führungskraft in der von ihr gewünschten Form um.

Eine Paradoxie entsteht jedoch in dem Moment, in dem es nicht um die Einführung eines neuen Softwareprogramms, einer neuen Maschine oder eines neuen Produktes, sondern um die Implementierung dezentraler Organisationsformen geht. Der von oben initiierte und angeordnete Dezentralisierungsprozess wird von den Mitarbeitern als doppeldeutig wahrgenommen: Auf der einen Seite steht die Botschaft, dass die Mitarbeiter jetzt wesentlich mehr Einfluss und Kompetenzen haben sollen; auf der anderen Seite wird die Botschaft über den herkömmlichen, von den Mitarbeitern nicht zu beeinflussenden Anordnungsweg verkündet.

Der von den Mitarbeitern wahrgenommene Widerspruch ähnelt der Aufforderung »Sei spontan!« an einen Verkrampften, der Mitteilung »Ich will, dass du selbstständig bist« an ein Kind oder der Forderung »Sei Unternehmer!« oder »Sei mündig!« an die Angestellten eines Großunternehmens. Diese Anweisungen sind paradox, weil man eben nicht selbstständig, spontan und eigenverantwortlich handelt, wenn man der Aufforderung zu Selbstständigkeit, Spontaneität und Eigenverantwortlichkeit nachkommt. Auf der anderen Seite kann man sich diesen Aufforderungen aber auch nicht widerspruchsfrei widersetzen. Das Verharren in Unselbstständigkeit als Widerspruch zu dem Befehl wäre inkonsistent, weil der Widerstand eine Form von Selbstständigkeit und eigenverantwortlichem unternehmerischem Handeln wäre. Die so angesprochenen Mitarbeiter befinden sich in einer Situation, die von den Griechen als »Aporie«, als logische Ausweglosigkeit, bezeichnet wurde.

Das Paradox liegt im Widerspruch zwischen dem, was die Kommunikation verlangt, und der Tatsache, dass sie es verlangt. Jede Kommunikation, so die Wiedergabe der älteren kommunikationswissenschaftlichen Literatur durch Niklas Luhmann (2000: 123ff.), besteht aus einem »Report-Aspekt« und einem »Command-Aspekt«: Sie teilt einerseits einen Inhalt mit (Report) und vermittelt andererseits die Erwartung, dass diese Festlegung als richtig und zweckmäßig übernommen wird (Command). Der »Report-Aspekt« und der »Command-Aspekt« können in der Praxis von Organisationen weder isoliert noch analytisch unterschieden werden.

Angesichts der Unmöglichkeit der Trennung zwischen »Report-« und »Command-Aspekt« erscheinen populäre Rezepte wie »Partizipation der Betroffenen« oder »mehr Kommunikation« eher als hilflose Reaktionen auf das Paradox. Bei Tristan versuchte man, die zentralistische Einführung dezentraler Strukturen zu verhindern, indem eine frühzeitige und intensive Einbeziehung der Mitarbeiter verlangt wurde. Diese Forderung befindet sich im Einklang mit einem Großteil der Fachliteratur, die behauptet, dass eine frühe Einbeziehung der Mitarbeiter den Widerstand gegen die Veränderung verringere, zu praxisgerechteren Lösungen führe, die Motivation steigere und die Identifikation mit dem Unternehmen erhöhe (siehe nur z.B. Doppler/Lauterburg 1995).

Durch diese Argumentation wird suggeriert, dass die zentralistische Einführung dezentraler Strukturen kein Paradox sei, sondern lediglich das Ergebnis einer bislang mangelhaften Einbeziehung der Mitarbeiter. Übersehen wird jedoch, dass mit der Forderung nach Partizipation lediglich das Paradox umgebaut wird. Das »Ich beteilige euch an dem von mir initiierten Prozess« ist letztlich nur eine abgeschwächte Variante des »Sei selbstständig«. Die »Beteiligung von jemandem an etwas« hat eben immer noch den Charakter einer bestimmten, von oben angeordneten Maßnahme, an der man sich zu beteiligen hat.

Meine These ist daher, dass die zentralistische Art der Durchsetzung von Veränderungsprozessen nicht auf ein Fehlverhalten des Managements zurückgeführt werden kann, sondern dass sie die logische Konsequenz dessen ist, wie der Veränderungsprozess geplant wird. Die »Sitte«, den Veränderungsprozess von »oben« zu initiieren, zu planen und durchzudrücken, ist keine »Unsitte«, sondern aus der Funktionsweise von hierarchisch geführten Unternehmen verständlich. Warum?

Beim Unternehmen Tristan berichteten Manager, dass die Anregung zu Veränderungen immer von ihnen kommen müsse. Die Mitarbeiter würden gar nicht erkennen, dass sich das Segment, die Abteilung oder das Unternehmen bewegen müsse, um auf dem Markt zu bestehen. Diese Klage der Manager ist zwar nachvollziehbar, aber letztlich nicht sehr überraschend. Das »klassische« Unternehmen ist so aufgebaut, dass die Produktion – der technische Kern des Unternehmens – gegen eine zu starke Beunruhigung durch turbulente Marktveränderungen oder Probleme im Zulieferbereich geschützt ist. Die Aufgabe (und damit auch die Existenzberechtigung) des mittleren Managements besteht darin, die Turbulenzen des Marktes für die Produktion möglichst geschickt abzufedern und Veränderungen nur in gut zu verarbeitenden Dosen in den produktiven Kern eindringen zu lassen.

Auch wenn viele Unternehmen durch die Ausrichtung auf bestimmte Produktgruppen, durch Segmentierung, Prozesslinienorganisation und Gruppenarbeit versuchen, den Druck des Marktes für den technischen Kern zu simulieren, so bleibt der technische Kern letztlich doch weitgehend gegen den Markt abgeschottet. Allein die Existenz von mittleren Managern oder Abteilungen für Einkauf und Verkauf als primäre Ansprechpartner für die Umwelt führt schon zu einer Abschottung des technischen Kerns gegen Druck von außen. Es ist aus dieser Perspektive nicht überraschend, dass vor allem das Management den Druck des Marktes wahrnimmt. Deshalb kommt auch die »Einsicht« in Veränderungsnotwendigkeiten vorrangig vom Management.

Die Mitarbeiter, die in ihrem geschützten technischen Kern arbeiten, können aufgrund ihrer »Stellung« gar nicht erkennen, dass eine Umstellung auf flexibilitäts- und innovationsfreundlichere Strukturen nötig sein könnte. Natürlich lassen sie sich punktuell einbinden, gerade wenn die Anweisung vom Chef kommt. Aber es ist aufgrund ihres geschützten Status nicht verwunderlich, dass sie in diesem Veränderungsprozess das bremsende Element sind.

Es spricht einiges dafür, dass das »Sei-Selbstständig«-Paradox in Organisationen, die in der Vergangenheit stark zentralistisch und hierarchisch organisiert waren, verschärft auftritt. In diesen Organisationen ist damit zu rechnen, dass der paradoxe Appellcharakter des Managements besonders ausgeprägt ist, weil hier durch die starke Spezialisierung des mittleren Managements auf Marktwahrnehmung die Sensibilität des technischen Kerns für Umweltveränderungen besonders gering ist und damit die Verordnung von dezentralen Strukturen vermutlich die einzig mögliche Reorganisationsstrategie darstellt.

Für den Umstieg auf neuartige flexible, lernfähige Organisationsstrukturen und direkte, offene Informationsflüsse stehen nur die herkömmlichen Instrumente der Durchsetzung zur Verfügung. Die flexibilitäts- und innovationsorientierten Strukturen, die auf dezentrale Selbststeuerung hinauslaufen sollen, müssen also auf die bisherige zentralistische Art und Weise durchgesetzt werden. Die Tendenz in vielen Organisationen, den Übergang von der hierarchisch-zentralistischen Organisation zur flexiblen, lernfähigen Organisation detailliert zu »planen«, ist Ausdruck dieser Situation. Überspitzt ausgedrückt muss die Anweisung »Sei selbstständig« unter diesen Bedingungen darauf hinauslaufen, eine neue flexibilitätsorientierte und selbstbestimmte Organisationskultur von oben zu verordnen.

2.2. Das »Entscheide-selbst-aber-nur-unter-Vorbehalt«-Paradox: Das Management lässt entscheiden

In der Managementliteratur wird ein neues Bild von Führungskräften propagiert. Unter Schlagworten wie »Kompetenz und Verantwortung«, »vertrauensbasierte Zusammenarbeit« und »Verzicht auf Machtausübung« wird proklamiert, dass die Ermächtigung der Mitarbeiter zu »eigenständigem, selbstorganisiertem und produktivem Arbeiten« führt. Die Führungskräfte sollen sich um die »Erledigung von wichtigen und neuen Aufgaben kümmern«, für die sie »sonst keine Zeit haben«. In letzter Konsequenz müssen die Manager angesichts von »Unwägbarem und Unübersichtlichem« immer mehr vom Managen (Handhabenwollen) Abstand nehmen. Der Manager ist nicht mehr der »Macher«, der alles plant und kontrolliert, sondern »Facilitator«, »Mitspieler« oder »Spielerleichterer«.

Aus dieser Perspektive muss der Idealtypus eines modernen Managers derjenige sein, der den Prozess der Selbstorganisation und Entscheidungsfindung der Mitarbeiter in der Organisation nur noch begleitet. Er bleibt im Hintergrund, moderiert Prozesse, berät bei schwierigen Problemen und hilft bei der Abstimmung zwischen verschiedenen selbst organisierten Prozessen. Der ideale Change Manager erscheint dann nicht mehr als Vorgesetzter klassischen Zuschnitts, sondern als Prozessbegleiter. Er wird in letzter Konsequenz nur noch daran gemessen, wie erfolgreich er einen Veränderungsprozess begleitet hat und wie gut seine Mitarbeiter es schaffen, in Selbstorganisationsprozessen produktiver und innovativer zu arbeiten.

In der Literatur ist bisher ausgeblendet worden, dass die konsequente Umsetzung dieses Führungskonzeptes erhebliche Konsequenzen hätte. Ein Manager, dem es erfolgreich gelingen würde, Selbstorganisation in seinem Aufgabenbereich einzuführen, würde sich in letzter Konsequenz selbst überflüssig machen. Wenn ein Manager mit dem Anspruch, komplette Selbstorganisation und komplette Selbstverantwortung der Mitarbeiter zu ermöglichen, wirklich »total quality« liefern würde, würde er selbst ab sofort nicht mehr gebraucht. Selbstorganisation und Selbstverantwortung leben schließlich davon, dass keiner mehr von außen »hineinmanagt«. Der Manager modernen Zuschnitts gerät damit immer mehr in das grundsätzliche Dilemma aller Ärzte, Therapeuten und Entwicklungshelfer: Deren Existenzberechtigung beruht letztlich auf ihrer eigenen Unfähigkeit, einen bestimmten hohen Anspruch vollständig zu erfüllen. Wenn diese Berufe wirklich zu hundert Prozent Erfolg hätten, dann wären sie selbst überflüssig oder müssten sich zumindest vollkommen neu definieren.

Besonders diejenigen Manager, die sich in umfassenden Veränderungsprozessen befinden, klagen jedoch nicht über ein Zuwenig an Arbeit, sondern eher über ein Zuviel. Das Spezifische am Übergang von hierarchisch-zentralistischen zu dezentralen, selbst organisierten Strukturen scheint zu sein, dass der Manager sowohl für die Prozessbegleitung als auch für die Expertenentscheidungen zuständig ist. Der Manager ist in dieser Übergangsphase letztlich ein Zwitter: Er gibt den Mitarbeitern mehr Entscheidungsbefugnisse, entscheidet aber auch selbst.

Bei Tristan lautete der Hauptvorwurf an die verantwortlichen Führungskräfte, dass sie widersprüchlich handeln würden. Die Mitarbeiter beklagten sich darüber, dass das Management einerseits entscheiden, andererseits aber auch den Anspruch kommunizieren würde, ihre Mitarbeiter zu ermächtigen. Bei Fragen wie der Einführung einer Prozesslinienorganisation und des Umzugs des Bereichs Sonderfertigung herrschte Unklarheit, ob dies nun eine Entscheidung der Führungsriege oder eine gemeinsame Entscheidung von Mitarbeitern und Führungskräften war.

In einer Sitzung des Steuerkreises des Projekts verglich einer der Meister die von den Mitarbeitern erlebten Entscheidungssituationen mit der Fahrt zweier Personen in einem Kanu. Dabei würden zwar beide paddeln, aber nur der Hintere steuern. Würde nun der hinten sitzende Kanute vom vorderen verlangen: »Steuere doch auch mal«, so würde sich dieser berechtigterweise »verschaukelt« vorkommen. Er würde erwidern: »Du steuerst doch, sag' doch, wenn du willst, dass ich mehr paddeln soll.« – Dem Einwand des Beraters, dass die Mitarbeiter gar nicht bemerken würden, wenn sie auch einmal hinten sitzen (könnten), und sich »automatisch immer nach vorne setzen«, hielten die Mitarbeiter entgegen, dass sich die Führungskraft ja immer wieder das Recht vorbehalte, ins Steuer zu greifen.

Die von den Mitarbeitern wahrgenommene Situation hat Ähnlichkeit mit dem von Cornelius Castoriadis (1997: 137f.) herausgestellten Paradox des gleichzeitigen Ein- und Ausschlusses von Mitarbeitern bei Rationalisierungsprozessen. Castoriadis argumentiert, dass ein fundamentaler Widerspruch kapitalistischer Gesellschaften darin bestehe, den Mitarbeiter zugleich als Objekt bürokratischer Manipulation und als selbstständiges Subjekt zu behandeln. Das Management sei darauf angewiesen, den Mitarbeitern Einfluss auf die Produktionsprozesse zu verwehren, um die Abläufe für das Management kontrollierbar zu halten, die Belegschaft aber gleichzeitig auch an dem Prozess zu beteiligen, weil nur durch das arbeitsplatzspezifische Wissen der Mitarbeiter die nötige Flexibilität des Produktionsprozesses sichergestellt werden könne.

Bei Tristan versuchten die Berater das Management zu zwingen, sich festzulegen, von wem eine Entscheidung zu treffen war. Der Manager sollte sich auf einer Folie mit einer Skala von Entscheidungssituationen verorten. Die Skala reichte von »Ich habe nichts entschieden, Sie sind eingeladen, mit mir zu besprechen, ob wir etwas tun« über »Ich habe entschieden, dass wir etwas tun, Sie sind eingeladen, mit mir zu besprechen, was wir tun« und »Ich habe entschieden, was wir tun, Sie sind eingeladen, mit mir die Details der Ausführung zu besprechen« bis »Ich habe alles entschieden, Sie haben mit mir nichts zu besprechen«. Diese Folie suggerierte, dass der Rahmen einer Entscheidung eindeutig zu bestimmen sei. Die Zwitterposition der Führungskraft sollte dadurch aufgehoben werden, dass das Management sich festlegte, welche Entscheidungen nach wie vor von der Führungskraft getroffen werden und welche von den Mitarbeitern selbst.

Die Bestimmung einer Entscheidungssituation ist jedoch komplizierter, als es die Folie suggeriert. Erstens ändert sich der Entscheidungsrahmen einer Organisation ständig. Die Organisationen selbst behaupten, dass es bei sich schnell verändernden Umweltbedingungen zunehmend wichtig wird, flexibel zu reagieren und bei Bedarf schnelle und konsequente Kursänderungen vorzunehmen. Hans Pongratz und Günther Voß (1997: 44f.) sehen unter diesen Bedingungen eine zentrale Aufgabe des Managements darin, zu improvisieren. Managementaufgaben verlangten immer schon Improvisation; unter den »Bedingungen von Selbstorganisation und Unsicherheit« erwachse daraus aber ein neues Handlungsverständnis.

Zweitens ist der Übergang zu einem durch Selbstorganisation und Eigenverantwortlichkeit geprägten Unternehmen ein dynamischer Prozess. Was heute noch Chefsache ist, soll später vielleicht von Mitarbeitern und Management gemeinsam entschieden werden. Was heute noch gemeinsam von Mitarbeitern und Meister entschieden wird, soll in absehbarer Zeit von der Gruppe selbst entschieden werden. Der Übergang zur Selbstorganisation und Eigenverantwortlichkeit ist ein Prozess, in dem es schwierig ist, einen Entscheidungsrahmen genau zu bestimmen. In dem untersuchten Prozess bestand zum Beispiel ein Problem darin, dass die Führungskraft den Anspruch hatte, die Mitarbeiter mehr und mehr ihre Entscheidungen selbst treffen zu lassen, gleichzeitig aber auch ein Interesse daran hatte, das von ihr favorisierte Leitbild durchzusetzen.

Drittens kann das Management bestimmte Entscheidungen nur allein treffen, weil sie aufgrund der Konstellation in der Organisation sonst überhaupt nicht getroffen werden würden. Dies ist der Fall, wenn ein bestimmter Schritt zu mehr Selbstorganisation und Selbstverantwortung dem individuellen, kurzfristigen Interesse einer Vielzahl von Mitarbeitern entgegenläuft. So bedeutet beispielsweise die Aufspaltung der Fachabteilungen und deren Zuordnung zu bestimmten Produktionsbereichen für viele Mitarbeiter erst einmal einen Statusverlust. Die Zusammenlegung von Monteuren mit Teilefertigern in Gruppen bedroht beispielsweise die spezifische Identität der Teilefertiger als hochqualifizierte Facharbeiter. Wenn solche Entscheidungen grundsätzlich der Selbstorganisation unterstellt würden, würden sie vermutlich gar nicht gefällt werden.

Diese drei Aspekte weisen auf einen zentralen Grund für die immer wieder vorkommenden Eingriffe des Managements hin. Diese Eingriffe hängen mit der Einbindung der Dezentralisierungsprozesse in eine zwar abgeflachte, aber weiterhin existierende Hierarchie zusammen. Das Spezifische einer Hierarchie ist, dass jedes Thema der Organisation bei Bedarf von unten auf eine höhere Ebene gezogen werden kann. Zwar greifen Hierarchen nur in Ausnahmesituationen zu der Maßnahme, dezentral angesiedelte Verantwortung an sich zu ziehen; sie behalten sich aber immer die prinzipielle Möglichkeit und das formale Recht vor, jede weiter unten angesiedelte Entscheidungssituation nach oben zu ziehen und einen Problembereich zur »Chefsache« zu erklären. Selbst wenn Entscheidungen dezentralen Einheiten überlassen werden, kann die Organisationsleitung auf ihr einklagbares Weisungsrecht zurückgreifen und die Partizipation der Mitarbeiter an der Entscheidungsfindung wieder zurücknehmen.

Diese prinzipielle Möglichkeit des »Nach-oben-Ziehens« von Entscheidungen hat Konsequenzen für die Zuweisung von Verantwortlichkeit in Hierarchien. Nils Brunsson (1989: 182) hat verschiedene Strategien von Akteuren aufgezeigt, Verantwortlichkeit zu verringern. So kann ein Entscheidungsträger so tun, als würde seine Entscheidung auf quasi automatischen Kausalverbindungen basieren, die durch gemeinsame Zielvorstellungen und Werte getragen werden. Eine weitere Möglichkeit, seine Rolle als Entscheider unsichtbar zu machen, besteht darin, dass er auf formale Rituale der Entscheidungsfindung verzichtet. Ferner kann er durch die Größe der Gruppe von Entscheidungsträgern seine eigene Verantwortung reduzieren: Durch den Verweis auf Mehrheitsentscheidungen innerhalb großer Gruppen ist es möglich, die eigene Verantwortung als gering erscheinen zu lassen. Auch kann sich ein Entscheider in kritischen Situationen unwissend verhalten, weil ihm dann keine Verantwortung zugerechnet werden kann.

Solche Strategien der Zurückweisung von Verantwortung funktionieren in horizontalen Beziehungen, werden interessanterweise jedoch durch die hierarchische Gliederung entscheidend reduziert. Weil in einer hierarchischen Organisation jedes Thema nach oben gezogen werden kann, kann sich keine Chefin dadurch aus der Affäre ziehen, dass sie auf die Verantwortung der ihr untergebenen Einheiten verweist. Sie würde sich sofort die Anfrage (und den Vorwurf) einhandeln, weshalb sie in dieser Krisensituation nicht von ihren hierarchischen Eingriffsmöglichkeiten Gebrauch gemacht habe. Ein Verweis darauf, dass die Entscheidung nicht von ihr, sondern von ihren »selbstorganisierten Mitarbeitern« getroffen wurde, würde nicht als Entschuldigung akzeptiert werden. Auch der Hinweis auf die Unkenntnis einer Situation würde nicht akzeptiert werden, solange die Entscheidung in ihrem Aufgabenbereich getroffen wurde.

Entgegen dem Postulat in der Managementliteratur lässt sich mit guten Gründen behaupten, dass die Verantwortung der hierarchisch vorgesetzten Führungskraft durch Dezentralisierung nicht reduziert wird. Die Manager behalten auch in dezentral strukturierten Organisationen letztendlich die Verantwortung für die Entscheidungen, die von selbst organisierten Teams, autonomen Profitcentern oder gar rechtlich selbstständigen und räumlich entfernten Netzwerkunternehmungen getroffen werden. Daraus entstehen dann sowohl Rechte als auch Verlockungen für Führungskräfte, in die sich selbst organisierenden Teams einzugreifen.

Aus der Perspektive des Managements entsteht durch Dezentralisierung immer öfter eine Diskrepanz zwischen zugewiesener Verantwortung und realen Handlungsmöglichkeiten. Die eigenen Mitarbeiter fangen langsam an, bestimmte Sachen selbst zu entscheiden, und das Management verfügt nicht mehr über den Zugang zu allen Informationen. Mitarbeiter haben in bestimmten Prozessen immer größere Macht. Für den Manager wird es zunehmend schwierig, seine Vorstellungen durchzusetzen. Gleichzeitig behandeln ihn seine eigenen Vorgesetzten immer noch so, als ob er die (guten oder schlechten) Entscheidungen seiner Mitarbeiter selbst getroffen hätte.

Fritz B. Simon (1997: 140) hat bei Managern ähnliche Verhaltensweisen festgestellt wie bei Eltern. Genauso wenig wie Eltern die Kontrolle darüber haben, was ihre Kinder tun, scheine das Management die Kontrolle darüber zu haben, welche Entscheidungen in einem Unternehmen, einem Profitcenter oder einem autonomen Team getroffen würden. Sowohl Manager als auch Eltern seien tendenziell in der Situation, dass ihnen die Verantwortung für etwas zugeschrieben werde, das sie objektiv nicht steuern könnten, und reagierten dann häufig mit scharfen Eingriffen in die Entscheidungskompetenzen derjenigen, für die sie verantwortlich sind.

Dieses Verhalten muss von den Mitarbeitern (und von den Kindern) als höchst widersprüchlich wahrgenommen werden: »Machen wir es jetzt selbst oder entscheidet der Meister immer noch mit?« »Ist das jetzt angeordnet oder können wir darüber noch diskutieren?« »Bestimmen wir über diesen Veränderungsprozess mit oder werden wir lediglich an einer bereits getroffenen Entscheidung beteiligt?« Bei den Mitarbeitern entsteht der Eindruck, dass man selbst entscheiden darf, aber immer nur unter Vorbehalt. Die eigene Entscheidung scheint nur so lange in Ordnung zu sein, wie sie der Vorstellung der Führung nicht grundsätzlich widerspricht.

Das Resultat kann, wie bei Tristan beobachtet, ein vorauseilender Gehorsam der Mitarbeiter sein. Es wird versucht, die Interessen der Führungskraft zu erraten. Bei Tristan wurde dies als »Loyalitätsfalle« bezeichnet. Weil die Führungskraft sich immer noch die letzte Entscheidungsgewalt vorbehält, ist es für den Mitarbeiter schwer, überhaupt selbstbewusst eine eigene Entscheidung zu fällen. Er weiß, dass die Führungskraft sowohl die Informationen als auch die Kompetenz hat, die Entscheidung selbst zu fällen. Deswegen muss der Mitarbeiter ständig Angst davor haben, dass der Manager seine Entscheidung mit der vergleicht, die er selbst getroffen hätte. Eine häufig zu beobachtende Reaktion des Mitarbeiters ist es, zu erraten, wie sich die Führungskraft an seiner Stelle entscheiden würde. Der Segmentleiter berichtet, dass er häufig der Haltung begegnet: »Ich mache ja in Selbstorganisation, was du willst, sag‘ mir bloß, was du willst.«

Eine Führungskraft bei Tristan bezeichnete die Situation als »Führung im Dilemma«. Wer als Führungskraft in einer Entscheidungssituation eine eigene Position vertritt, gerät in eine »Zwickmühle«. Wenn sich im Laufe der Diskussion eine Mehrheit für die gegenteilige Meinung herausstellt, kann man in den Konflikt gehen und sich zu behaupten versuchen, worauf die Mitarbeiter reagieren mit: »Sie wollen ja sowieso nur Ihre eigene Vorstellung durchsetzen und versuchen jetzt durch eine vorgeschobene Diskussion, diese bestätigen zu lassen, was jedoch nicht geschehen wird«. Lässt man sich dagegen auf die Ideen und die in der Diskussion entwickelten Konzepte ein, kann einem leicht der Vorwurf gemacht werden: »Sie wissen ja gar nicht, was Sie wollen – und das ist ja wohl nicht unter Führung zu verstehen«.

Durch diesen Prozess kann sich eine gegenseitige Verunsicherung von Managern und Mitarbeitern entwickeln. Schon in der frühen Organisationssoziologie ist anhand von Phänomenen wie Bürokratisierung (vgl. Crozier 1964) und Überwachung (vgl. Gouldner 1954) auf Teufelskreise in Organisationen hingewiesen worden, die durch die sogenannte doppelte Kontingenz von Akteuren entstehen. In der Interaktion macht A sein Handeln von B abhängig, der sein Handeln wiederum von A abhängig macht. Dabei spielen gegenseitige Unterstellungen, Erwartungen und Beobachtungen eine zentrale Rolle. Diese können sich, so die Grundüberlegung, zu Teufelskreisen in unterschiedlichen Richtungen hochschaukeln.

Die Einführung dezentraler Entscheidungsstrukturen kann scheitern, wenn ein Teufelskreis aus gegenseitiger Verunsicherung zwischen Management und Mitarbeitern entsteht. Das Management greift, gerade angesichts des Drucks der eigenen Vorgesetzten, zu einem »Just-in-Case-Management«. Man nutzt die verbleibende Hierarchie, um im Notfall Schnellschüsse durchzusetzen, und legitimiert diese damit, dass man auf Selbstorganisation keine Rücksicht nehmen könne, wenn »die Bude brennt«. Bei den Mitarbeitern kommt es zu weiteren Verunsicherungen über ihren Entscheidungsspielraum. Sie trauen sich weniger, ihren Handlungsspielraum zu nutzen. Dies führt wiederum zu noch stärkeren Eingriffen des Managements. Man rutscht in einen Teufelskreis der gegenseitigen Verunsicherung.

2.3. Das »Organisier-dich-selbst-aber-nicht-so«-Paradox: Die Bedrohung der bereits existierenden Selbstorganisation

Die Selbstorganisationsrhetorik, die seit den 1990er Jahren in den Unternehmen, aber auch in Verwaltungen, Krankenhäusern und Schulen eine zentrale Rolle spielt, geht von einer überraschenden Grundannahme aus: Selbstorganisation wird propagiert als etwas, das neu in ein Unternehmen eingeführt werden muss. Es ist etwas, wovon die Mitarbeiter bisher nicht profitieren konnten. Die Mitarbeiter werden, so die Annahme, aus dem Reich der Fremdbestimmung und der weitgehenden Machtlosigkeit befreit und in das Reich der Selbstbestimmung und Selbstverantwortung – je nach Organisation – eingelassen, eingeladen, begleitet, geführt oder gezwungen. Bisher, so die Rhetorik, seien die Mitarbeiter bevormundet, ihr Potenzial sei nicht genutzt und ihre Fähigkeit, Prozesse selbst zu gestalten, missachtet worden. Selbstorganisation sei die Möglichkeit, diese Potenziale stärker zu nutzen.

Die Rhetorik der Selbstorganisation suggeriert, dass es einfache und elegante Lösungen für bisher kaum zu bewältigende Probleme gibt. Man kann von einer »Art Bekehrungserlebnis« sprechen, „das das Management in seinen Bann gezogen« hat (Pongratz/Voß 1997: 33). Koordinationsprozesse, die bisher zentralistisch von langer Hand geplant werden mussten, können die Betroffenen mit wenig Aufwand selbst in die Hand nehmen. Energie, die bisher im »Widerstand gegen Fremdorganisation verpuffte«, scheint nun »selbstorganisiert ganz von alleine dem gemeinsamen Ganzen zugute zu kommen«. Diese Bedeutungszuschreibung wird aus Analogien zu naturwissenschaftlich erforschten Phänomenen der spontanen Ordnungsbildung abgeleitet und trägt nicht selten zur »Mystifikation der Selbstorganisation« als einer »unsichtbaren ordnenden Hand« bei.

Dabei wird übersehen, dass jede noch so klassisch-hierarchische Organisation auch schon über unzählige Selbstorganisationsprozesse der Mitarbeiter verfügt. Schon die frühe und in einigen Bereichen immer noch unübertroffene Organisationstheorie von Chester Barnard (1938) grenzte sich von den normativen Organisationstheorien beispielsweise Frederick Taylors und Henri Fayols dadurch ab, dass sie nicht allein auf den formalisierten Organisationsablauf fokussiert war, sondern sich für die Handlungen interessierte, durch die die Organisation tagtäglich reproduziert wird. Die formale Organisationsstruktur interessierte nur insofern, als sie die alltägliche »Produktion und Reproduktion von Handlungen in bestimmte Bahnen lenkt«, bestimmte »Kommunikationen entmutigt, andere ermutigt« und bestimmte »Kommunikationen rechenschaftspflichtig macht, andere nicht« (Baecker 1999: 330ff.).

Aus dieser Perspektive sind offizielle hierarchische Entscheidungswege und Regeln keine festen Organisationsstrukturen, die automatisch Abweichungen ins Unrecht setzen, sondern vielmehr Regeln für die Verteilung von Beweislasten. Ein Handeln, das dem Programm entspricht, trägt die Vermutung seiner Richtigkeit in sich und braucht keine weiteren Beweise oder Belege. Das Organisationsmitglied braucht sein Handeln nicht durch »Sinnargumente« weiter zu legitimieren, sondern es reicht aus, dass es auf die Programmkonformität seines Verhaltens verweist. Lediglich wenn ein Organisationsmitglied von Regeln abweicht, liegt die Beweislast bei ihm. Es muss darauf hoffen, dass sein Vorgesetzter sein Handeln als »organisatorisch sinnvoll« erachtet und entweder stillschweigend durchgehen lässt oder sogar offiziell deckt.

Diese »regelwidrigen« Selbstorganisationsprozesse, die jenseits der formalisierten Struktur stattfinden, zeichnen sich dadurch aus, dass sie nicht schriftlich fixiert, nicht messbar, nicht offen diskutierbar und vor allem nicht offiziell positiv sanktionierbar sind. Auch wenn gemäß der Außendarstellung der Unternehmen die Produktion im Detail vorgeplant ist, die Entscheidungswege klar definiert sind, jedes Materialteil durch ein Materialerfassungswesen registriert ist und eine offizielle Unternehmenskultur in Form von Unternehmensleitlinien festgelegt worden ist, sieht das Innenleben ganz anders aus: Maschinen werden in der Produktion unauffällig manipuliert und bestimmte vorgeschriebene Dienstwege regelmäßig nicht eingehalten. Zwischen Facharbeitern, die formal gleichgestellt sind und nur auf den Meister hören sollten, gibt es eine interne Hackordnung, eine Art informaler Hierarchie. Einem noch so perfekten Materialerfassungswesen zum Trotz zirkulieren Materialteile und Werkzeuge, die auf keiner Liste erscheinen. Mitarbeiter bilden eigene kollektive Identitäten aufgrund ihrer Aufgabe, ihrer persönlichen Beziehungen und ihrer lokalen Herkunft aus.

Das Verdienst der umfangreichen Forschung zur Informalität in Organisationen ist es, auf die Funktionalität von Regelabweichungen aufmerksam gemacht zu haben. In Zuspitzung der Erkenntnisse der Organisationsforschung über Informalität hat Erhard Friedberg (1993: 147f.) argumentiert, dass eine Hierarchie, die die rigorose Einhaltung von Regeln zum Programm machen würde, die Organisation paralysieren würde. Regeln könnten nur dadurch für die Organisation sinnvoll werden, dass die Hierarchie eine selektive Toleranz gegen Regelverletzungen einführt. Voraussetzung für die Wirksamkeit formaler Organisation ist die Möglichkeit der Verletzung formaler Regeln. Die tayloristische Organisation konnte sich nur deswegen durchsetzen, weil sie in der betrieblichen Praxis immer wieder umgangen wurde. Wenn sich Arbeiter und Angestellte bei ihrer alltäglichen Arbeit am offiziellen System orientiert hätten, hätte dies zu chaotischen Verhältnissen geführt.

Auch bei Tristan war deutlich, dass die alte tayloristische Organisation nur deswegen funktionieren konnte, weil die Mitarbeiter in Selbstorganisation immer wieder von den offiziellen Regelungen abwichen. So hatte das Unternehmen mit den typischen Problemen einer programmgesteuerten Produktion zu kämpfen. Man produzierte immer gerade das Falsche, es kam dauernd zu Produktionsumstellungen, die Läger waren voll, aber es fehlten immer die gerade benötigten Teile. Wichtige Werkzeuge waren wegen komplizierter Bestellvorgänge nicht immer sofort verfügbar. Die Mitarbeiter reagierten auf diese Probleme mit »regelwidriger« Selbstorganisation. Um den Produktionsablauf trotz der Dysfunktionalitäten aufrechtzuerhalten, gab es eine offiziell verbotene Jagd nach Fehlteilen, es wurden illegale »graue Bestände« angelegt, um wichtige Teile verfügbar zu haben, und es wurden »versteckte Werkzeugreserven« angelegt.

So gab es in dem Unternehmen ein Kanban-System, das die ständige Verfügbarkeit von häufig gebrauchten Teilen möglichst reibungslos sicherstellen sollte. Den Mitarbeitern in Fertigung und Montage standen vier Kisten mit Materialteilen zur Verfügung. Wenn drei dieser Kisten leer waren, wurde automatisch ein Signal an den Zulieferer gegeben, dass neue Teile geliefert werden sollten. Da dies jedoch nicht immer reibungslos funktionierte, quetschten die Mitarbeiter die Teile aus den verschiedenen Kisten in eine Kiste, um durch die drei leeren Kisten möglichst früh einen Anlieferungsauftrag auszulösen.

Wenn das Management auf Folien, in Videos und Broschüren die Einführung von Selbstorganisation im Unternehmen verkündet, werden die bereits existierenden, informalen Selbstorganisationsprozesse im Unternehmen nicht ausreichend ernst genommen, ja es kann sogar schwieriger werden, diese informalen Formen der Selbstorganisation als solche zu erkennen. Es wird ausgeblendet, dass das Management durch die Einführung von Selbstorganisation nicht eine neue Organisation entwirft, sondern dass die durch das Management propagierte Selbstorganisation vielmehr der Versuch ist, die existierenden Formen der Selbstorganisation zu stören.

All dies ist noch kein grundlegendes Paradox oder Dilemma. Es ist zunächst hauptsächlich eine Frage der Sprache und der Beobachtung: Das Management könnte von »neuen Formen der Selbstorganisation« sprechen und würde damit, wenigstens verbal, die bereits existierenden Formen der Selbstorganisation als solche anerkennen. Das grundsätzliche Paradox entsteht dadurch, dass viele der vom Management geforderten Maßnahmen gerade die bereits lange existierenden Formen der Selbstorganisation im Unternehmen bedrohen, ja sogar grundsätzlich infrage stellen. Maßnahmen wie Dezentralisierung von Entscheidungskompetenzen und sich selbst regulierende Teams setzen in der Regel an den strukturellen Problemen einer stark arbeitsteilig und hierarchisch organisierten Struktur an, also genau an den Stellen, an denen sich vorher illegale Formen der Selbstorganisation ausgebildet hatten.

Dies wurde bei Tristan an verschiedenen Stellen deutlich: Die neue organisatorische Ausrichtung an Prozessen und Produkten, die bestimmte Formen der Selbstorganisation ermöglichen soll, stellt die interne Hackordnung, die in Selbstorganisation geschaffenen informalen Arbeitsbeziehungen, infrage. Die Eingliederung von Arbeitszuteilern in verschiedene Prozesslinien schafft die dort in mühsamer Eigenregie erarbeiteten Formen der internen Kooperation ab. Die Einführung eines erweiterten und verbesserten Kanban-Systems, das den Mitarbeitern mehr Freiheiten beim Materialzugang verschaffen soll, stellt das von den Mitarbeitern selbst geschaffene System der grauen, nirgends registrierten Teile infrage. Das von oben angeregte Selbstverständnis als ein sich an Kundenbedürfnissen orientierendes Segment, das die Arbeit in weitgehender Selbstorganisation erledigt, bedroht alle über lange Zeit in Eigenregie geschaffenen Identitäten. Es gefährdet die ausgeprägte Identität der Teilefertiger in der Produktion und nimmt den »Künstlern« in der Sonderfertigung ihre besondere Rolle im Unternehmen.

Da diese vom Management als neue Formen der Selbstorganisation propagierten Maßnahmen in die vielen bereits vorhandenen, in Eigenregie geschaffenen Prozesse eindringen, muss das Verhalten des Managements von den Mitarbeitern fast unumgänglich als widersprüchlich wahrgenommen werden: Plötzlich sagt die Führungskraft, dass die Mitarbeiter den Prozess selbst gestalten sollen, und stellt gerade damit die von den Mitarbeitern bisher in Eigenregie geschaffenen Prozesse infrage. Letztlich wird der Mitarbeiter vom Management, das sich bisher nicht besonders für seine Organisationsfähigkeiten interessiert hat, aufgefordert, sich selbst zu organisieren, aber bitte nicht so, wie er es bisher gemacht hat. Die Botschaft, die bei den Mitarbeitern ankommt, läuft daher auf ein »Organisier-dich-selbst-aber-bitte-nicht-so« hinaus.

2.4. Paradoxien: Eskalation oder Bewältigung

Die oben aufgezeigten drei grundsätzlichen Probleme sollen bewusst in Kontrast zum allgemeinen Trend in der Managementliteratur stehen, in der für Change Management häufig keine Paradoxien, sondern einfache Erklärungen und Lösungen erarbeitet werden. Dabei mag die frustrierende Erfahrung für Manager im Change-Prozess sein, dass sich die drei Paradoxien nicht vermeiden lassen. Ein hohes Maß an interner Kommunikation, ein gewisses Maß an Sicherheit für die Mitarbeiter in Form von zeitlich begrenzten Beschäftigungsgarantien und eine hohe persönliche Integrität der Führungskraft – all dies kann die Paradoxien zwar abfedern, sie aber niemals vollständig auflösen.

Angesichts dieser Paradoxien besteht die Gefahr, dass grundlegende Veränderungsprozesse in Organisationen immer wieder abgebrochen werden, ohne dass man sich der tiefer liegenden Gründe bewusst ist. So kann eine Atmosphäre entstehen, in der das Management am Widerstand der Mitarbeiter zu verzweifeln droht und die Mitarbeiter das Verhalten des Managements als permanent widersprüchlich wahrnehmen. Aus individualpsychologischer Perspektive kann dann auf die begrenzte Fähigkeit von Individuen zur Verarbeitung von Paradoxien hingewiesen und die Eskalation der Paradoxien zu Schizophrenien als Bedrohungsszenario dargestellt werden.

Diese Beschreibung der Konsequenzen von Paradoxien mag aus psychologischer Perspektive ihre Berechtigung haben; für eine auf Organisationen ausgerichtete Betrachtung ist eine solche Dramatisierung jedoch nur begrenzt hilfreich. Aus einer organisationsorientierten Perspektive kann die Brisanz der drei Paradoxien darin gesehen werden, dass den Mitarbeitern durch den Versuch einer Umstellung auf dezentrale, lernfähige, flexible Organisationsformen überhaupt erst die Macht eingeräumt wird, bestimmte grundlegende Prozesse zu blockieren. Das große Risiko könnte sein, dass die Mitarbeiter die ihnen jetzt von der Führungskraft vorgeschlagene Verantwortung für einen bestimmten Prozess ablehnen, gleichzeitig aber den neuen Einfluss dazu nutzen, um bestimmte fachliche Inputs der Führungskraft abzubügeln. Der Manager hängt in der Luft: Auf der einen Seite fühlen sich seine Mitarbeiter noch nicht für den Prozess zuständig, auf der anderen Seite nutzen sie die neue Macht, um ihn mit seinen fachlichen Anregungen, die er früher hierarchisch durchgesetzt hätte, auflaufen zu lassen.

Man kann diese Probleme jedoch auch positiv wenden. Einiges spricht dafür, dass die oben geschilderten Paradoxien von den Mitarbeitern an die Führungskräfte zurückgegeben werden. Die Hinweise auf die »Widersprüchlichkeiten des Managements« oder die Entstehung der »Loyalitätsfalle« können als Indizien dafür betrachtet werden, dass die Konfrontation mit Paradoxien von den Mitarbeitern »cool bewältigt« wird. Es entstehen immer mehr Situationen, in denen sich Mitarbeiter und Management gegenseitig mit paradoxen Verhaltensanforderungen konfrontieren, ohne aber dadurch arbeitsunfähig zu werden.

3.
Die Mythen um unternehmerisch handelnde Mitarbeiter

»Es gab da nur einen Haken, der besagte, daß die Sorge um die eigene Sicherheit angesichts unmittelbar drohender Lebensgefahr Ausdruck einer normalen Geistesverfassung ist. Orr war verrückt und konnte für dienstuntauglich erklärt werden. Er brauchte nur darum zu bitten. Aber sobald er das tat, war er nicht verrückt und würde mehr Einsätze fliegen müssen. Er würde ja verrückt sein, wenn er noch weitere Einsätze flöge, und normal, wenn er es nicht täte; aber wenn er normal war, müßte er Einsätze fliegen. Wenn er sie flog, war er verrückt und brauchte nicht zu fliegen; aber wenn er das nicht wollte, war er normal und mußte fliegen.«

Auszug aus Joseph Hellers »Catch-22«, einem Buch um einen Kampfpiloten, dem es nicht möglich war, sich trotz seiner »Verrücktheit« von weiteren Kampfeinsätzen befreien zu lassen

Märkte werden in der neoliberalen Wirtschaftstheorie als eine besonders rationale Form der Austauschbeziehung angesehen. Während Begriffe wie »Hierarchie«, »Bürokratie« oder »Steuerung« einen negativen Beigeschmack von Ineffizienz und Willkür haben, werden Märkte als eine besonders effektive und gerechte Form der Güterverteilung betrachtet. Es wird unterstellt, dass sich gesellschaftliche Arbeitsteilung über die Selbststeuerung von Märkten besonders erfolgreich organisieren lasse und zentrale Instanzen sich weitestgehend aus den Marktprozessen herauszuhalten hätten.

Seit einigen Jahren werden Märkte zunehmend auch als zentrales Instrument zur internen Strukturierung von Unternehmen, aber auch von Verwaltungen, Krankenhäusern oder sogar Hochschulen popularisiert. Mit Stichwörtern wie »Organisationsnetzwerke«, »Vermarktlichung«, »marktgesteuerte Dezentralisation«, »Internalisierung des Marktes« und »strategische Dezentralisierung« wird die Konkurrenz von Organisationseinheiten unterschiedlicher Größe als Instrument zur internen Koordination von Organisationen beschrieben. Das Management simuliert dabei in der Beziehung zwischen Organisationsspitze und dezentralen Einheiten eine Art Kapitalmarkt und fördert die Ausbildung konzerninterner Arbeits-, Management-, Ressourcen- und Produktmärkte.

Während sich das Prinzip der Vermarktlichung anfangs fast ausschließlich auf die Beziehung der Organisationszentrale zu organisatorischen Untereinheiten wie Werken, Profitcentern oder teilautonomen Gruppen bezog, wird die Vermarktlichung inzwischen zunehmend auch als Leitbild für die Beziehung zwischen den Organisationen und ihren Mitarbeitern sowie für die Beziehung der Mitarbeiter untereinander propagiert. Mit Konzepten wie »Intrapreneur«, »Ein-Personen-Unternehmen« oder »Selbst-GmbH« wird beschrieben, dass die Mitglieder einer Organisation sich nicht mehr als Angestellte – als »Organization Men« oder »Corporate Men« – verstehen, sondern quasi als »Unternehmer im Unternehmen« agieren.

In der Managementliteratur wird mit solchen Begriffen proklamiert, dass von jedem Mitarbeiter unternehmerisches Handeln verlangt wird. Schließlich, so die Logik, ist es Sinn eines Unternehmens, etwas zu unternehmen und nicht, etwas zu unterlassen. Viel zu lange hätten »Kontrolleure, Kronvasallen und Erbsenzähler« sich damit beschäftigt, dafür zu sorgen, dass die Mitarbeiter nur das machten, was ihnen per Stellenbeschreibung erlaubt ist.

Angesichts der häufig euphorisch klingenden Managementliteratur über »Intrapreneure«, »Ein-Personen-Unternehmen« oder »Selbst-GmbHs« wäre es eine naheliegende Reaktion, die Propagierung des »Unternehmers im Unternehmen« als eine neue bunte Managementsprechblase abzutun und sie lediglich als die Forderung nach modisch umkostümierten Mitarbeitern zu deklarieren (und damit auch den Mangel an Forschungen über das Konzept des Intrapreneurs zu erklären). Im Gegensatz zu Profitcentern, die inzwischen in vielen Unternehmen als internes Strukturierungsprinzip eingesetzt werden, gibt es bisher nur wenige Beispiele für (und auch nur wenige wissenschaftliche Überlegungen zu) Unternehmen, in denen »Intrapreneure«, »Ein-Personen-Unternehmen« oder »Selbst-GmbHs« das Erscheinungsbild prägen. Es deutet sich erst langsam an, wie ein »Konglomerat von internen Unternehmern« funktionieren kann und inwiefern es sich von einem »Unternehmen mit Mitarbeitern« unterscheidet.

Unabhängig von dem noch geringen Verbreitungsgrad des Konzeptes beeinflusst jedoch das Leitbild des Intrapreneurs inzwischen eine ganze Reihe von Reorganisationsprojekten, deren Auswirkungen bereits in Organisationen zu beobachten sind. So orientiert sich das Konzept des Empowerment ebenso wie das Konzept der Zielvereinbarung am Leitbild der Intrapreneurship.

In diesem Kapitel nehme ich die Konzepte des Intrapreneurs, des Ein-Personen-Unternehmens und der Selbst-GmbH beim Wort, um auf diese Weise strukturelle Problembereiche herauszuarbeiten, die sich auch bei einer nur punktuellen Einführung ausbilden können. Dabei dienen drei Mythen der Managementliteratur als Ausgangspunkt für meine Argumentation: Im ersten Teil »Mythos: Unternehmerisches Handeln lässt sich auf allen Ebenen der Organisation gleichzeitig einführen« (Abschnitt 3.1.); im zweiten Teil »Mythos: Die Mitarbeiter als neue Machthaber im Unternehmen« (Abschnitt 3.2.) und im dritten Teil »Mythos: Das Konzept der Intrapreneurship fördert die Integration der Mitarbeiter in das Unternehmen« (Abschnitt 3.3.). Im vierten Teil werden die paradoxen Verhaltensanforderungen beschrieben, denen sich Mitarbeiter in vermarktlichten Unternehmen ausgesetzt sehen (Abschnitt 3.4.).[2]

3.1. Mythos: Unternehmerisches Handeln lässt sich auf allen Ebenen der Organisation gleichzeitig einführen

In der Managementliteratur findet sich die Vorstellung, dass die Vermarktlichung auf allen Ebenen des Unternehmens – der Profitcenter, der Gruppen und Teams sowie der einzelnen Mitarbeiter – gleichermaßen ansetzen soll. Die naturwissenschaftliche Analogie, die für diese Durchsetzung marktmäßiger Prinzipien auf allen Ebenen der Organisation benutzt wird, ist die der selbstähnlichen und sich selbst organisierenden Fraktale. Die Idee der an Fraktalen orientierten Managementlehre ist, dass sich dezentrale Einheiten durch Selbstorganisation den ständig wechselnden Rahmenbedingungen anpassen sollen. In diesen Selbstorganisationsprozessen, so die Annahme, werden Profitcenter, Gruppen und Teams sowie der einzelne Mitarbeiter in ihrer Funktionsweise selbstähnlich. Jedes Fraktal, in letzter Konsequenz also jeder Arbeitsplatz, soll so funktionieren wie das gesamte Unternehmen. Eine möglichst umfassende Leistung ist komplett zu erbringen und eine Aufgabe möglichst eigenständig zu lösen. Die Koordination zwischen den einzelnen Fraktalen findet über marktmäßig organisierte Dienstleistungsbeziehungen statt.[3]

Nicht jeder kann Unternehmer sein – Widersprüche im Konzept des »Unternehmers im Unternehmen«

In der Managementliteratur wird die Konzeption des »Intrapreneurs«, des »Ein-Personen-Unternehmens« oder der »Selbst-GmbH« als Win-Win-Situation konstruiert. Es wird davon ausgegangen, dass alle Mitglieder einer Organisation von der Einführung des »Unternehmerischen ins Unternehmen« profitieren können, solange sie sich nur bereitwillig an die Prinzipien des Unternehmertums halten. Dabei wird jedoch übersehen, dass die verschiedenen Intrapreneur-Konstruktionen in einer Organisation in der Regel so miteinander verwoben sind, dass sie sich gegenseitig in ihren Freiheiten beschneiden. Die Freiheit des einen, so eine alte Einsicht der Sozialwissenschaft, ist die Verunsicherung des anderen. Schon einer der Begründer der deutschen Betriebswirtschaftslehre, Erich Gutenberg (1983: 273ff.), stellte fest, dass der Gewinn von Handlungsfreiheit – und damit in letzter Konsequenz von Unternehmertum – nur durch einen Verzicht auf diese Freiheit in anderen Teilen der Organisation erkauft werden kann.

Dass sich der Intrapreneur-Gedanke nicht problemlos für alle Mitarbeiter eines Unternehmens durchsetzen lässt, wird besonders dann deutlich, wenn man es mit Akteuren auf verschiedenen Ebenen der Organisation zu tun hat. Handlungsfreiräume auf der einen Ebene bedingen keineswegs entsprechende Selbstbestimmung auf der anderen Ebene. Vielmehr kann die Selbststeuerung der einen Ebene zur Fremdsteuerung der anderen Ebene geraten. Dieser Gedanke soll im Folgenden anhand der Wechselwirkungen zwischen drei Ebenen in dezentralen Unternehmen – den Profitcentern, den Teams und den einzelnen Mitarbeitern – entwickelt werden.

Zunächst zur *Wechselwirkung zwischen Profitcentern und Mitarbeitern*. Die Ernennung zum Leiter eines Profitcenters ist gegenüber einer klassischen Funktion im mittleren Management mit einem Machtzuwachs verbunden. Während sich ein Abteilungsleiter in der Produktion immer noch mit seinen Kollegen aus den Abteilungen für Qualitätssicherung, Einkauf oder Konstruktion abstimmen muss, hat der Leiter eines Profitcenters in der Regel alle wichtigen Funktionen inne. Nur durch die Übernahme der Gesamtverantwortung für Qualität, Bestände, Termine, Mitarbeiter, Kosten, Qualität und Durchlaufzeiten, teilweise auch für Einkauf und Absatz, kann er für den Markterfolg und den daraus resultierenden Gewinn oder Verlust verantwortlich gemacht werden.

Diese Ausbildung von »kleinen Unternehmern« auf der Leitungsebene von Profitcentern muss aber nicht dazu führen, dass auch deren Mitarbeiter zu Intrapreneuren werden. Teilweise ist sogar das Gegenteil der Fall. Es können sich in Profitcentern – gerade mit Rückgriff auf das Konzept des Intrapreneurs – patriarchalische Führungsstrukturen ausbilden. Die Profitcenter können zu kleinen Fürstentümern mit sehr starken Leitern werden. Gerade der Druck der Unternehmenszentrale auf die Leiter der Profitcenter kann dazu führen, dass diese sich genötigt fühlen, direkt in die Arbeit ihrer Mitarbeiter einzugreifen und deren Autonomie zu beschneiden.

Der zweite Punkt betrifft die *Wechselwirkung zwischen dem Leiter eines Profitcenters und seinen Teams.* In der Literatur wird zwischen einer strategischen, marktorientierten Dezentralisierung und einer operativen, am konkreten Arbeitsprozess ansetzenden Dezentralisierung unterschieden. Das Wechselverhältnis zwischen operativer und strategischer Dezentralisierung ist nicht so unkompliziert, wie häufig suggeriert wird.

Die Leitung eines Profitcenters wird einem Manager übergeben, der wie ein Unternehmer im Unternehmen wirken soll. Dies beinhaltet, dass er auch Entscheidungen über die interne Struktur seines Profitcenters treffen kann. Wird nun von der Konzernholding die Parole ausgegeben, dass in allen Profitcentern die Mitarbeiter durch die Einführung von teilautonomer Gruppenarbeit zu unternehmerischem Denken angeregt werden sollen, so kann dies vom Leiter des Profitcenters als Einschränkung seiner Autonomie wahrgenommen werden. Er kann darauf verweisen, dass er nur dann unternehmerisch tätig werden kann, wenn er selbst bestimmt, wie sein Profitcenter organisiert ist. Es kann dazu kommen, dass der Geschäftsführer fast willkürlich Teams einsetzt oder auflöst und diese Aktionen mit dem Verweis auf seine unternehmerische Autonomie rechtfertigt.

Drittens schließlich soll auf die *Wechselwirkung zwischen Teams und Mitarbeitern* eingegangen werden. In der Literatur ist man lange Zeit davon ausgegangen, dass durch Gruppen- und Teamarbeit auch der Handlungsspielraum des einzelnen Mitarbeiters erweitert wird. Insbesondere Gruppenarbeit wurde dabei als konsequente Fortsetzung von Jobenlargement begriffen. Aber bereits in den frühen 1980er Jahren wurde kritisch angemerkt, dass die teilautonomen Gruppen für ihre Mitglieder nicht gerade Herrschaftsfreiheit bedeuten würden. Es wurde argumentiert, dass die Autonomie einer Personengruppe nicht mit der Autonomie des Individuums in eins gesetzt werden dürfe, da die Gruppenmitglieder sich auch gegenseitig unterdrücken könnten (siehe dazu Kühl 2015a: 94ff.).

Inzwischen ist in mehreren empirischen Studien gezeigt worden, dass der Druck auf die einzelnen Mitarbeiter in teilautonomen Gruppen gegenüber der klassischen tayloristischen Arbeitsorganisation häufig eher zu- als abnimmt. So entwickelt sich in Teams häufig eine Dynamik, die eben nicht zu Selbstentfaltung und sozialer Anerkennung der einzelnen Mitglieder führt. Vielmehr wird die Gruppenarbeit häufig als Quelle der Aggression, der Missachtung und des Mobbings empfunden. Der Druck wird von den Gruppenmitgliedern deswegen als noch härter wahrgenommen, weil Abweichungen von den Gruppennormen hart sanktioniert werden können. Während Vorgesetzte sich in der Regel an den formalen Sanktionskatalog des Unternehmens halten müssen (Abmahnung, Lohnentzug, Entlassung), können Gruppen ihre Sanktionen gegen abweichende Gruppenmitglieder informal viel umfassender einsetzen. Das sanktionierte Gruppenmitglied hat nur geringe Möglichkeiten zur Beschwerde bei Vorgesetzten, weil die Machtverhältnisse in Gruppen sehr diffus sind und weil ein Nach-außen-Tragen von Gruppenkonflikten häufig als unkollegiale Abweichung von den ungeschriebenen Gesetzen der Gruppe unter Sanktionsandrohung steht.

Interne Konflikte und informale Abmilderungsprozesse

Was passiert nun, wenn eine Firma versucht, mit dem Konzept des »Ein-Personen-Unternehmens« Autonomie bei den einzelnen Mitarbeitern aller Ebenen herzustellen? Nach meiner Beobachtung bilden sich in diesem Fall neue Konfliktlinien, für die in der Organisation erst mühsam Abmilderungsmechanismen gefunden werden müssen.

In den Unternehmen der zweiten Hälfte des zwanzigsten Jahrhunderts schienen die Verhältnisse klar: Sobald man in einem Unternehmen eingestellt war und dort seine Arbeit ausübte, gehörte man zur »Familie«. Man war »Siemensianer«, »Bahner« oder arbeitete beim »Daimler«. Die Mitarbeiter konnten – bei allen internen Karrierekämpfen und Konflikten im Arbeitsalltag – mit einem stabilen Freund-Feind-Bild hantieren. Andere Unternehmen, die auf dem gleichen Markt agierten, wurden als Konkurrenz angesehen. Intern wurde die Konkurrenz unterdrückt und eine gemeinsame Unternehmensidentität hochgehalten: »Wir gegen den Rest der Welt«.

In Unternehmen, die mit Konzepten wie dem des Intrapreneurs versuchen, interne Prozesse über Markt- und Wettbewerbsmechanismen zu steuern, verschwimmt dieses klare Freund-Feind-Bild. Schon in den frühen Studien über dezentrale Organisationen wird generell festgestellt, dass ein sozialdarwinistisches Klima in die Organisationen einzieht. Dieser sozialdarwinistische Charakter äußert sich in der Regel durch Konflikte innerhalb der gleichen Ebene der Organisation: Geschäftsbereiche und Profitcenter konkurrieren um knappe Ressourcen. Verschiedene Werke des gleichen Unternehmens befinden sich im Wettbewerb miteinander. Teilweise ist der interne Wettbewerb stärker als der Wettbewerb mit externen Konkurrenten. Auf der Ebene der Mitarbeiter konkurrieren »Macher«, »Tagesmanager« und »Was-kostet-die-Welt«-Typen miteinander, und das Klima unter den Mitarbeitern wird härter.

In dezentralisierten Organisationen kommt es jedoch in der Regel nicht zu einem offenen Kampf »jeder gegen jeden«. Dies hängt weniger mit den Bemühungen des Managements zur (Re-)Integration der Mitarbeiter zusammen (Stichwort: Corporate Identity) als vielmehr mit informal sich ausbildenden Mechanismen zur Konfliktregulierung. So lässt sich beobachten, dass mit dem Konzept des Intrapreneurs die Vorstellungen von teilautonomer Gruppenarbeit, wie sie im Management in den letzten Jahren populär waren, unterlaufen werden. Mehr unbewusst als bewusst wird durch die Orientierung an der »Unternehmerisierung jedes Arbeitsplatzes« eine Entscheidung gegen die Zusammenarbeit in fest zusammengesetzten Teams getroffen. Statt fester Teams mit eindeutigen Aufgaben und konstanten Mitgliedern setzen sich bei der Propagierung dieses Konzepts wohl eher permanent wechselnde Teams durch.

Die Durchsetzung unternehmerischen Handelns auf allen Ebenen der Organisation scheint eine Illusion zu sein. Selbst wenn der Intrapreneur als zentrales Strukturmerkmal in Organisationen propagiert wird, bilden sich informal Prozesse aus, die die drohende Konkurrenz unter den Organisationsmitgliedern entschärfen. Die Forderung nach unternehmerischem Handeln auf allen Ebenen der Organisation kann somit im Managementdiskurs beibehalten werden, wird aber im Organisationsalltag durch wirklichkeitsnähere und konfliktentschärfende Formen der Arbeitsorganisation ersetzt.

3.2. Mythos: Die Mitarbeiter als neue Machthaber im Unternehmen

Auf den ersten Blick mag es für Markttheoretiker paradox erscheinen, wenn Manager nach dem internen Markt rufen – würde das doch in letzter Konsequenz zur Abschaffung ihres Berufsstandes führen. Folgt man der Logik einer liberalen Markttheorie, dann braucht ein Markt keine zentralen Leitungsinstanzen mehr. Die Hierarchien würden erodieren. Die vielen kleinen »Unternehmer im Unternehmen« würden zu den »neuen Machthabern« in den Unternehmen werden und die bürokratisch ausgerichteten Manager aus ihren Positionen vertreiben.

Aber offensichtlich scheint die bedenkenlose, fröhliche Aufführung eines öffentlichen Selbstmordes der Berufsgruppe der Manager nicht stattzufinden. Allem Enthusiasmus für interne Märkte zum Trotz verschwinden Manager offensichtlich nicht aus der Unternehmenslandschaft. Stattdessen scheint durch die Stärkung der Marktprinzipien eher eine komplexe Verschiebung in den Machtverhältnissen zwischen den Akteuren stattzufinden.

Fiktion der reinen Märkte

Die neoklassischen Markttheorien gehen davon aus, dass auf einem Markt verschiedene Anbieter ihre Waren und Leistungen feilbieten und zahlungskräftige Interessenten die Qualität und die Preise der angebotenen Leistungen und Waren miteinander vergleichen. Die Koordination auf den Märkten erfolgt demnach ausschließlich auf der Grundlage von Preisen, in denen alle relevanten Informationen über Qualität, Termine und Lieferfähigkeit abgebildet werden. Es kommt zu einem Vertrag zwischen Anbieter und Abnehmer, in dem Leistung und Gegenleistung vollständig spezifiziert werden.

Solche idealtypischen Märkte erscheinen als gerecht, weil längerfristige Kooperationsbeziehungen bei den Markttransaktionen nicht eingegangen werden. Den Verkäufer interessiert bei der Transaktion nur die Zahlungsfähigkeit (oder -unfähigkeit) des Käufers, nicht dessen politische Einstellung, Geschlecht, Nationalität oder Religionszugehörigkeit. Märkte erscheinen aus dieser Perspektive als quasidemokratische Modelle nach dem Motto »Ein Dollar gleich eine Stimme«, die von Rücksichten auf »Stand und Klasse«, »Moral und Religion«, »Familie und Freundschaft« Abstand nehmen.

An diese Denkweise knüpfen Überlegungen zur Dynamisierung von Organisationen durch interne Vermarktlichungs- und Wettbewerbsprinzipien an. Es wird argumentiert, dass in solchermaßen umgestalteten Unternehmen die Fähigkeit, Leistungsbereitschaft und Kreativität der Mitarbeiter nicht mehr durch Manager gehemmt wird, die durch lange zurückliegende Verdienste auf ihre Posten gekommen sind und sich jetzt durch Old-Boys-Netzwerke gegenseitig nach oben bringen. Stattdessen herrsche jetzt ein Klima, in dem sich jeder unabhängig von seinem Geschlecht, seiner Herkunft oder seiner Hautfarbe allein durch seine Leistungen auf dem internen Markt behaupten könne.

In der Praxis haben Märkte jedoch relativ wenig mit dem beschriebenen Idealtyp zu tun. Schon der Grandseigneur der Soziologie, Émile Durkheim, hat herausgearbeitet, dass erst die »nicht-kontraktuellen

Teile des Kontrakts« wie Vertrauen es ermöglichen, dass sich so etwas wie freie Märkte bildet. Märkte sind aus dieser Perspektive keine »natürlichen Erscheinungen«, die entstehen, wenn man dem sozialen Geschehen nur seinen freien Lauf lässt, sondern sind immer das Ergebnis einer sozialen Konstruktion.

Aus einer Perspektive auf die Gesamtgesellschaft hat Karl Polanyi (1957) herausgearbeitet, dass die Durchsetzung von Marktprinzipien immer von organisierten Regulierungsmaßnahmen begleitet wird. Märkte entstehen so gesehen nicht durch eine Befreiung der Wirtschaft aus dem staatlichen Zugriff, sondern werden vielmehr erst durch den Staat als zentrale Instanz ermöglicht. Allgemein akzeptierte Regularien wie Eigentumsrechte, Vertragsfreiheit und Rechtssicherheit bändigen das freie Marktgeschehen und machen dadurch funktionierende Märkte erst möglich.

Inzwischen ist denn auch in verschiedenen empirischen Studien gezeigt worden, in welcher Form Markttransaktionen in eine Vielzahl von nichtmarktlichen Prozessen »eingebettet« sind. Selbst für vermeintliche Prototypen von Märkten wie Optionsbörsen oder landwirtschaftliche Auktionsmärkte ist gezeigt worden, dass die persönlichen Beziehungen der Händler zueinander die Transaktionen stark beeinflussen (siehe dazu nur beispielhaft Moullet 1983; Baker 1990). Die Existenz von Geld als Tauschmittel hat selbst in Börsen weder die direkte Verhandlung überflüssig gemacht noch zu einer Entpolitisierung des Austauschs geführt.

Wissenschaftler sprechen angesichts dieser Einbettung von Märkten deshalb von einer »Fiktion« oder einem »Mythos« der reinen Märkte und fordern, Märkte in ihren realen, konkreten Ausformungen zu beobachten (siehe nur als prominente Vertreter White/Eccles 1986: 135; Friedberg 1993: 128). Die Frage liegt also nahe, wie die internen Märkte strukturiert sind, auf denen die »Intrapreneure«, »Ein-Personen-Unternehmen« und »Selbst-GmbHs« agieren.

Die Unterschiede zwischen internen und externen Märkten

Gerade weil Märkte sozial eingebettet sind, ist es notwendig, die Unterschiede zwischen externen und internen Märkten herauszuarbeiten. Die Grenzen des Unternehmens bewirken, dass die internen Marktbeziehungen ganz anders organisiert werden als die Marktbeziehungen zu Zulieferern, Kunden oder Partnerunternehmen. Die These von der sozialen Konstruktion von Märkten ist eher als eine Aufforderung zur Differenzierung denn zur Verwischung der Grenzen zu verstehen. Anhand dreier Merkmale – Zwecke, Mitgliedschaften und Hierarchien – lässt sich zeigen, dass es einen zentralen Unterschied macht, ob ein Markt im gesellschaftlichen Teilsystem der Wirtschaft oder in einer Organisation existiert.

Zunächst soll auf die Bedeutung von *Zwecken* eingegangen werden. Im Gegensatz zu den Gesellschaften des Altertums oder des Mittelalters verzichten moderne Gesellschaften darauf, sich übergeordneten Zwecken wie der Beglückung der Bevölkerung, der Rassenreinheit oder der Erfüllung des Willens Gottes zu verschreiben. Dementsprechend sind auch Märkte als wichtiges Koordinationsinstrument des wirtschaftlichen Teilsystems der Gesellschaft nicht einem übergeordneten Zweck unterstellt. Gerade die Klagen über den »Terror der Ökonomie« weisen darauf hin, dass Märkte ein Eigenleben entwickeln und sich jeder Form einer übergeordneten »menschlichen« Zwecksetzung entziehen.

In Organisationen liegt der Fall ganz anders: Ob es sich um eine Verwaltung, ein High-Tech-Unternehmen oder eine Gewerkschaft handelt – Zwecke wie die mehr oder minder freundliche Befriedigung von Anfragen nach Personalausweisen, die Penetrierung des Marktes mit einem neuen, superleichten Handy oder der Abschluss eines Tarifvertrags mit hohen Lohnsteigerungen spielen eine zentrale Rolle in der Ausrichtung von Organisationen (Luhmann 1973: 87ff.).

Aus diesem zentralen Zusammenhang zwischen Organisationen und Zwecken erklärt es sich, dass interne Märkte viel stärker an Zwecken ausgerichtet sind als externe Märkte. Auf internen Märkten können Geschäftsbereiche, Profitcenter oder Werke nicht davon ausgehen, dass schwarze Zahlen eine Garantie für ihren Verbleib im Unternehmen und damit auf den internen Märkten sind. Genauso wenig garantiert das Erbringen von hervorragenden Leistungen einem Intrapreneur oder einem Ein-Personen-Unternehmen den Verbleib im Konzern. Angepeitscht durch Strategieberater, verändern Unternehmen ihre Kernkompetenzen und definieren ihre Zwecke immer wieder neu. Wenn ein Teilnehmer am internen Markt nicht mehr in die momentan ausgehandelte Zwecksetzung hineinpasst, wird er von den internen Marktprozessen ausgeschlossen – ganz unabhängig davon, was seine Performance ist. Das Motto in Unternehmen ist eben nicht: »Tut, was ihr wollt, aber seid dabei profitabel«, sondern: »Tut, was ihr wollt, aber seid dabei profitabel und bleibt dabei innerhalb der (wechselnden) Zwecksetzung des Konzerns«.

Aber auch der umgekehrte Prozess ist zu beobachten. Ein Profitcenter kann innerhalb eines Unternehmens weiterexistieren, auch wenn es über mehrere Jahre nur Verluste macht. Während solche defizitären »Unternehmen« in der »freien Marktwirtschaft« schnell bankrottgehen würden, können sie innerhalb des internen Marktes unter Umständen weiterleben, zum Beispiel durch die angeordnete Querfinanzierung aus profitablen Profitcentern. Hintergrund dieser Entwicklung ist, dass der Unternehmer sein Wirken nicht nur am Zweck der Profitabilität ausrichtet, sondern dass auch Motive wie persönliche Verwirklichung oder christliche Mission eine Rolle spielen können.

Neben Zwecken haben auch *Mitgliedschaften* eine zentrale Bedeutung für Organisationen, und auch dies im Unterschied zur Gesellschaft als Ganzem. Ein totaler Ausschluss aus modernen Gesellschaften findet nur in Ausnahmefällen statt. Auf die Aberkennung der Staatsbürgerschaft verzichten die meisten modernen Staaten. Die Todesstrafe als radikalste Form der Exklusion wird nur noch von wenigen (oder vielleicht besser: von den weniger?) »zivilisierten Staaten« angewandt (vgl. Luhmann 1995: 16). Auch auf »freien« Märkten wird zunächst einmal auf einen pauschalen Ausschluss von Personen als Anbieter oder Abnehmer verzichtet. Ein Maschinenbauer käme in Rechtfertigungsschwierigkeiten, wenn er seine Maschine nicht an denjenigen Nachfrager verkaufen würde, der den höchsten Preis bietet. Ein potenzieller Käufer einer Telefonanlage schließt zunächst einmal keinen Anbieter prinzipiell vom Marktprozess aus. An externen Märkten kann sich offiziell jeder Akteur beteiligen, vorausgesetzt, er bietet die entsprechenden Leistungen an.

Ganz anders in Organisationen: Hier ist das Management von Mitgliedschaft ein zentrales Merkmal. Über die Mitgliedschaft wird trennscharf festgelegt, wer zu einer Organisation gehört und wer nicht, und das hat Auswirkungen auf interne Märkte. Auch wenn in der Managementliteratur suggeriert wird, dass allein die Marktgängigkeit der »Unternehmer im Unternehmen« über deren Schicksal entscheide, werden die Entscheidungen über den Verbleib oder Nichtverbleib einzelner Unternehmensteile organisationsintern getroffen. Ein Profitcenter geht nicht Bankrott, sondern wird immer noch geschlossen oder verkauft. Auch ein Intrapreneur geht nicht in Konkurs, sondern wird auf ganz klassische Art und Weise entlassen.

Dieser Unterschied zwischen »innen« und »außen« ermöglicht es überhaupt erst, Marktprozesse nicht ungefiltert in die verschiedenen Einheiten eindringen zu lassen, sondern vielmehr, im Unternehmen mit simulierten Märkten zu arbeiten. Diese internen Märkte sind so gebaut, dass zwar die Leistungen eines Profitcenters oder eines Intrapreneurs mit Marktpreisen auf »freien« Märkten verglichen werden können, dass aber in der Regel den Mitgliedern einer Organisation die Möglichkeit eingeräumt wird, den niedrigsten Preis der externen Anbieter zu übernehmen. Die Verrechnungspreise zwischen den einzelnen Unternehmern im Unternehmen bilden sich nicht in einem freien Spiel der Kräfte, sondern werden von der Zentrale festgelegt.

Schließlich spielen auch *Hierarchien* in Organisationen eine zentrale Rolle, und auch in diesem Merkmal unterscheiden sie sich deutlich von der Gesamtgesellschaft (Luhmann 1997: 834). Die Zeiten, in denen Gesellschaften strikt hierarchisch organisiert waren, sind vorbei. Es gibt keinen König, Kaiser oder Papst mehr, der über Befehls- und Anweisungsketten in die verschiedenen Lebensbereiche der Bevölkerung hineinregieren könnte. Niemand würde heutzutage den Bundespräsidenten als hierarchisch obersten Vorgesetzten akzeptieren. Einzige Ausnahme: Die Mitarbeiter des Bundespräsidialamtes.

Im Gegensatz zu modernen Gesellschaften sind Hierarchien jedoch ein zentrales Merkmal von Organisationen. Aller Enthierarchisierungs- und Dezentralisierungsrhetorik zum Trotz können wir uns komplexere Organisationen ohne Hierarchie nicht vorstellen. Durch ihre hierarchische Struktur können Verbände, Verwaltungen und Unternehmen überhaupt erst als berechenbare kollektive Akteure auftreten, weil so von der Leitung nach außen gegebene Zusagen über hierarchische Anweisungen in der Organisation durchgesetzt werden können.

Für interne Märkte bedeutet das, dass diese nicht etwa quer zur hierarchischen Koordinierung im Unternehmen liegen, sondern vielmehr in dessen hierarchische Struktur eingefügt sind. Es sind hierarchische Entscheidungen, die die internen Marktmechanismen maßgeblich strukturieren. Der Rekrutierung von Mitarbeitern, ihrer Zuweisung zu Positionen, ihrer Entlassung oder Beförderung und ihrer Entlohnung liegen organisationsbestimmte Kriterien zugrunde, die maßgeblich durch die Spitze festgelegt werden. Sie werden eben nicht durch irgendwie geartete anonyme Marktmechanismen diktiert.

Aus der Unterscheidung zwischen internen und externen Märkten anhand von Zwecken, Mitgliedschaften und Hierarchien kann man nun aber nicht folgern, dass hinter der Vermarktlichung interner Prozesse eine große bürokratische Verschwörung der Unternehmensspitze steckt. Es wird häufig übersehen, dass diese Entscheidungen nicht an der Organisationsspitze zentralisiert sind. Zwecke der Organisationen können sich ohne strategische Entscheidungen des Topmanagements wandeln. Ein Mitarbeiter kann seine Mitgliedschaft in einer Organisation kündigen, wenn ihn das Angebot einer anderen Firma mehr reizt. Selbst Hierarchien können ohne Zutun der Unternehmensspitze erodieren. Aber eines deutet sich schon an – durch die Konzeption des Intrapreneurs, des »Ein-Personen-Unternehmens«

oder der »Selbst-GmbH« werden die Mitarbeiter nicht zu den neuen Machthabern in der Organisation.

3.3. Mythos: Das Konzept der Intrapreneurship fördert die Integration der Mitarbeiter in das Unternehmen

In der Managementliteratur wird darüber geklagt, dass Mitarbeiter früher nie als wichtiges »Humankapital« wahrgenommen wurden und als Person in der Organisation weitestgehend keine Beachtung fanden. Erst in den 1970er und 1980er Jahren wurde den Mitarbeitern in der Rhetorik von Unternehmen eine zentrale Rolle zugewiesen: Die Menschen seien die wichtigste Ressource im Unternehmen (siehe Deal/Kennedy 1982: 15). »Die exzellenten Unternehmen betrachten ihre Mitarbeiter als eigentliche Quelle der Qualitäts- und Produktivitätssteigerung« (Peters/Waterman 1983: 37).

Erst durch Managementkonzepte wie »Intrapreneur«, »Ein-Personen-Unternehmen« oder »Selbst-GmbH« könne es gelingen, Mitarbeiter mit all ihrer Kreativität, ihrer Leistungsfähigkeit und ihrem Engagement in das Unternehmen zu integrieren. Die Mitarbeiter würden durch die erweiterten Freiräume eine höhere Arbeitszufriedenheit erreichen und sich dadurch stärker mit dem Unternehmen identifizieren.

Auch wenn von Organisationsberatern wie Terence E. Deal und Allan A. Kennedy, von Thomas J. Peters und Robert H. Waterman oder ihren vielen Nacheiferern mit Neuigkeitsdramatisierung der Gedanke von den »Mitarbeitern als der wichtigsten Ressource« vorgetragen wird, so recyceln sie lediglich einen alten Gedanken aus der politischen Ökonomie. Schon bei Karl Marx findet sich der Grundgedanke, dass der Kapitalist letztlich nur über die Verwertung fremder Arbeitskraft Profite erzielen kann.

Dieser Gedanke der stärkeren Integration der Mitarbeiter durch das Intrapreneurship-Konzept kann deswegen auf den ersten Blick überraschen, da man von Unternehmern ja eher eine Verselbstständigung als eine bereitwillige Integration in einen organisierten Zusammenhang erwarten würde. Ein Unternehmer ist ja kein »Organization Man« oder »Corporate Man« mehr, sondern wird zum »Händler« in eigener Sache erklärt. Wie steht es also um die Integration der Intrapreneure?

Das Dilemma der Gleichzeitigkeit von Integration und Ausschluss der Mitarbeiter

Am Beispiel der klassischen bürokratischen Organisation ist in der Vergangenheit herausgearbeitet worden, dass das Management von Unternehmen, Verwaltungen oder Krankenhäusern vor dem Dilemma steht, die Mitarbeiter in die Organisation zu integrieren, sich aber gleichzeitig auch die Möglichkeit ihres Ausschlusses offenzuhalten. Es gibt in Unternehmen die widersprüchliche Anforderung, die Mitarbeiter sowohl zu integrieren, um ihre Kreativität und ihr Engagement nutzen zu können, als auch sie austauschbar zu halten, um nicht von ihnen abhängig zu werden.

In der Systemtheorie wird argumentiert, dass Organisationen im Gegensatz zu Familien auf dem Prinzip der Austauschbarkeit von Personen basieren. Organisationen bestehen aus Mitgliedern, die nur mit einem Teil ihres Selbst in die Organisation integriert werden. In der modernen Gesellschaft wird man nicht mit Haut und Haar Mitarbeiter einer Organisation. Die nur teilweise Integration der Mitarbeiter entlastet sie einerseits selbst, weil eine Entlassung aus der Organisation so nicht auch gleichzeitig den Ausschluss aus anderen Organisationen wie etwa dem Sportverein oder gar aus der Gesellschaft an sich bedeutet. Andererseits entlastet dies aber auch die Organisation, weil sie sich so nicht für den Mitarbeiter als Person verantwortlich fühlen muss. Die Skrupellosigkeit, mit der manchmal Mitarbeiter aus Unternehmen entfernt werden, ist nur möglich, weil sich die Personalchefs sicher sein können, dass eine Entlassung aus der Firma gemeinhin nicht auch den Ausschluss aus der Gesellschaft an sich bedeutet.

Wie die Integration von Mitarbeitern in Unternehmen, Verwaltungen, Krankenhäuser, Hochschulen oder Schulen organisiert werden kann, ohne dass Organisationen und Mitarbeiter in eine Schicksalsgemeinschaft verwoben werden, ist das Ergebnis alltäglicher Aushandlungsprozesse. Einerseits sind Organisationen so gebaut, dass sie, ohne daran zu zerbrechen, Mitarbeiter bis hin zum ranghöchsten Mitglied austauschen können. Die Verhaltenserwartungen an Mitarbeiter werden durch hierarchische Rangpositionen und Programme festgelegt. Sie bestimmen, wer mit wem in welcher Art worüber reden soll. Dadurch erreicht die Organisation Unabhängigkeit von konkreten Personen. Die Strukturen ermöglichen es, dass es immer mehrere mögliche Lieferanten für ein konkretes Verhalten gibt. Gleichzeitig lassen sich Organisationsprozesse aber nie so genau programmieren, dass eine Organisation wie eine Maschine ablaufen könnte. Die Organisation ist an die Bereitschaft und Fähigkeit des einzelnen Mitarbeiters gebunden, im Sinne der Erreichung des Organisationsziels gegebenenfalls Anpassungen in den Organisationsstrukturen vorzunehmen.

Für das Problem des Verhältnisses von Einschluss und Ausschluss von Mitarbeitern gibt es keine Lösung, die ewig Bestand hat, sondern dieses Verhältnis wird immer wieder neu ausgehandelt. Was bestimmte klassischerweise das Verhältnis zwischen Einschluss und Ausschluss von Mitarbeitern? Wie verändert sich dieses Verhältnis, wenn ein Unternehmen versucht, mit Konzepten wie »Intrapreneur«, »Ein-Personen-Unternehmen« oder »Selbst-GmbH« die Mitarbeiter zu Unternehmern im Unternehmen zu machen?

Das Paradox von »Unternehmern im Unternehmen«

Einschluss und Ausschluss von Mitarbeitern war klassischerweise an den Arbeitsvertrag gebunden. Auch wenn Arbeitgeber gern darüber klagen, was sie sich an Verpflichtungen, Sorgen und Problemen durch die Arbeitsverträge einhandeln, darf doch nicht übersehen werden, dass Organisationen erst durch die Arbeitsverträge ein hohes Maß an Flexibilität erreichen. Während in einem Kaufvertrag zum Beispiel beim Erwerb einer Briefmarke oder eines Trainingspakets Leistung und Gegenleistung genau spezifiziert werden, kauft der Arbeitgeber mit einem Arbeitsvertrag Arbeitskraft nur in einer sehr abstrakten Form ein. Der Arbeitnehmer stellt – so schon die Beobachtung von John R. Commons (1924: 284) – mit dem Unterzeichnen eines Arbeitsvertrags eine Art »Blankoscheck« aus und erklärt sich bereit, seine Arbeitskraft, seine Fähigkeiten, seine Kreativität gemäß der ihm gestellten Aufgabe einzusetzen. Er verzichtet darauf, dass im Detail festgeschrieben wird, worin seine Leistungen im Einzelnen zu bestehen haben.

Der Deal zwischen Arbeitgebern und Arbeitnehmern ist so angelegt, dass der Arbeitnehmer sich den Organisationszielen unterwirft, den hierarchischen Anweisungen Gehorsam verspricht und dafür vom Arbeitgeber mit Geldzahlungen, Aktienoptionen und/oder Karriereaussichten belohnt wird. Bei den Arbeitnehmern entsteht – so Chester Barnard (1938: 167ff.) – eine folgenreiche »Indifferenzzone«, in deren Rahmen sie zu den Befehlen, Aufforderungen, Anweisungen und Vorgaben der Vorgesetzten nicht Nein sagen können.

Der Vorteil für das Management einer Organisation liegt auf der Hand: Die Mitarbeiter geloben eine Art Generalgehorsam gegenüber zunächst nicht weiter spezifizierten Befehlen und Weisungen. Dies ermöglicht es dem Management, die Organisation sehr schnell und ohne umständliche interne Aushandlungsprozesse an veränderte Anforderungen anzupassen. Würde jedem Mitglied das Recht eingeräumt, seine Vorstellungen von der Gestaltung der Organisationsstruktur permanent in die Diskussion einzubringen, käme wohl nie der Aufbau von flexiblen, komplexen Strukturen zustande.[4]

Diesen Flexibilitätsvorteil erkauft sich das Organisationsmanagement jedoch – und das wurde besonders in der sogenannten Labour Process Debate herausgearbeitet – mit einem Kontroll- und Integrationsproblem: Weil der Arbeitsvertrag nicht genau spezifiziert, worin die Leistungen des Mitarbeiters bestehen, kann der Arbeitnehmer versuchen, sich der Leistungserbringung so weit wie möglich zu entziehen. Anders als bei einem Werkvertrag, in dem die Leistungen genau spezifiziert werden und bei dem der Auftragnehmer ein Interesse hat, die Leistung in möglichst kurzer Zeit zu erbringen, wird den Arbeitnehmern unterstellt, dass sie versuchen, ihre Arbeitskraft zu schonen. Das Management reagiert auf diesen drohenden Entzug von Arbeitskraft mit Kontrolle. Aus dieser Perspektive kann die ganze Geschichte der Unternehmen in der modernen Industriegesellschaft als ein Kampf um die Kontrolle der Arbeitskraft gelesen werden.[5]

Wenn Organisationen nun mit Konzepten wie Intrapreneurship oder Ich-AG experimentieren, hat sich jedenfalls auf der Schauseite der Organisationen in dem Verhältnis von Inklusion und Exklusion etwas Bedeutendes getan. Was in den Organisationen jedoch offensichtlich nicht stattfindet, ist eine Ablösung der Mitarbeiter durch lauter selbstständige Unternehmer oder ein Ersetzen der Arbeitsverträge durch eine Vielzahl von Werkverträgen. Arbeitsmodelle wie »Selbstständige Subunternehmer«, »Scheinselbstständige« und »Franchisenehmer« sind zwar im Wachstum begriffen; dennoch scheinen sich Organisationen aber nicht allein auf diese Modelle zu verlassen. Die Konsequenz einer ganz auf selbstständigen Subunternehmern basierenden Entwicklung wäre ein Verlust an Flexibilitäts- und Effizienzpotenzialen. Die Flexibilitätsvorteile, die Organisationen durch das Instrument des Arbeitsvertrags erzielen, würden verloren gehen. Die zu erbringenden Leistungen müssten bei jedem abzuschließenden Werkvertrag genau spezifiziert werden, und es wäre für das Unternehmen sehr aufwändig, jede Operation in Geld zu bewerten und mit den Angeboten anderer Anbieter zu vergleichen.

Die »Unternehmer im Unternehmen« werden – und das ist ein wichtiger Unterschied – im Gegensatz zu »wirklichen Unternehmern« nicht Eigentümer an den für ihre Wertschöpfung relevanten Produktionsmitteln. Die Einheit von »Haben« (der Produktionsmittel) und »Machen« (Erbringen der Leistungen), wie sie im klassischen Modell des Selbstständigen vorhanden ist, existiert bei den Intrapreneuren oder »Ein-Personen-Unternehmen« der neuen Vermarktlichungswelle nicht. Deshalb klingt die Formulierung »Unternehmer im Unternehmen« immer paradox.

Im Fall der Mitarbeiter als »Unternehmer im Unternehmen« wird das Instrument des Arbeitsvertrags um Elemente des Werkvertrags angereichert. Eine zentrale Form, in der der Arbeitsvertrag mit Elementen des Werkvertrags kombiniert werden kann, ist die Zielvereinbarung. Dieses Modell hat es schon seit über hundert Jahren in Organisationen gegeben – siehe zum Beispiel die Verträge von Außendienstmitarbeitern in der ersten Hälfte des zwanzigsten Jahrhunderts –, es wird jetzt aber tendenziell auf alle Mitarbeiter einer Organisation übertragen.

Die Internalisierung des Dilemmas von Einschluss und Ausschluss

Alles deutet darauf hin, dass das Dilemma von Einschluss und Ausschluss sich durch die neuen Arbeitsformen nicht auflösen wird, sondern dass dieses Spannungsfeld sich lediglich verlagert. Überspitzt und simplifizierend ausgedrückt: In der klassisch-tayloristisch organisierten Firma waren die Fronten im Konflikt zwischen Einschluss und Ausschluss klar. Auf der einen Seite stand das Management, das versuchte, möglichst viel von der pauschal eingekauften Arbeitskraft der Mitarbeiter zu nutzen, ohne aber in ein zu starkes Abhängigkeitsverhältnis zu geraten. Auf der anderen Seite standen die Mitarbeiter mit dem Interesse, ihre Arbeitskraft nicht völlig zu verausgaben, gleichzeitig aber für die Firma möglichst unverzichtbar zu sein, um so den eigenen Marktwert nach oben zu treiben.

Wiederum überspitzt formuliert, wird dieser Konflikt bei den Konzepten des »Intrapreneurs«, des »Ein-Personen-Unternehmens« und der »Selbst-GmbH« tendenziell in die Person des einzelnen Mitarbeiters hineinverlagert. Die Kontrolle – so lässt sich mit Michel Foucault argumentieren – wird nun nicht mehr durch einen allgegenwärtigen Herrn hergestellt werden müssen, vielmehr wird der Markt zum Universalherrn erhoben, dem nichts entgeht und der Erfolg vorurteilslos belohnt und Fehlverhalten unnachsichtig bestraft. Für den Mitarbeiter entsteht der Eindruck, dass seine Misserfolge als Intrapreneur nicht durch den Vorgesetzten, sondern durch die vermeintlich »objektiven Folgen« seines eigenen Tuns bestraft werden. Entlassungen und Schließung von Unternehmensteilen werden nicht mehr als Willkür eines an Profitmaximierung orientierten Unternehmers, sondern als logische Konsequenz des internen Marktes wahrgenommen.[6]

Mit der Einführung des Unternehmerischen ins Unternehmen wird der Mitarbeiter selbst mit dem Problem des Einschlusses und Ausschlusses konfrontiert. Klaus Peters (1999: 8) hat den Prozess so beschrieben, dass die zwei gegensätzlichen Interessen, die im bürokratisch-tayloristischen System säuberlich auf zwei verschiedene Personen verteilt waren – hier der Arbeitnehmer, der eigentlich nach Hause gehen will, und dort der Chef, der ihn gegen seinen Willen festhalten will –, sich im Konzept der Intrapreneurship in ein und derselben Person wiederfinden. Einerseits will der Intrapreneur nicht länger arbeiten, als er muss. Andererseits will er doch wieder zurück an den Schreibtisch.

Fragen, die vorher klassischerweise Fragen des Topmanagements waren, werden plötzlich zu Fragen des Intrapreneurs: Gehören meine Tätigkeiten noch zu den Kernkompetenzen des Unternehmens, oder muss ich andere Fähigkeiten entwickeln? Kann sich das Unternehmen meine Tätigkeiten noch leisten, oder muss ich mehr bieten? Hat meine Arbeitskraft noch einen aktuellen Marktwert, oder bin ich nur noch eine Belastung für die Firma?

3.4. Paradoxe Verhaltensanforderungen in vermarktlichten Organisationen

Man würde es sich zu einfach machen, wenn man das Konzept der »Intrapreneure«, »Ein-Personen-Unternehmen« oder »Selbst-GmbHs« lediglich als den neuesten Werbegag zur Mitarbeiterführung bezeichnen würde. Sicherlich: Diese Managementkonzepte werden nicht eins zu eins in Unternehmen umgesetzt. Sie suggerieren eine Schlüssigkeit, die sich in der Praxis so nicht wiederfinden lässt. Mit diesen Konzepten radikalisiert sich jedoch eine Entwicklung, die sich schon in der Dezentralisierungswelle der 1990er Jahre angedeutet hat: Die widersprüchlichen Umweltanforderungen, mit denen eine Organisation konfrontiert ist, werden nur noch begrenzt durch organisatorische Strukturen aufgefangen, sondern vielmehr an die einzelnen Mitarbeiter weitergegeben, die sie als widersprüchliche Verhaltensanforderungen wahrnehmen, die von ihnen zu bewältigen sind.

Der Organisationssoziologe James D. Thompson (1967) hat darauf hingewiesen, dass lange Zeit eine zentrale Strategie in Organisationen darin bestand, den wertschöpfenden Kern gegen Verunsicherungen oder widersprüchliche Anforderungen aus der Außenwelt abzuschotten. Aufgrund der Existenz spezieller unsicherheitsbearbeitender Abteilungen wie Arbeitsvorbereitung, Personalbüro oder Einkauf und Verkauf konnten die Mitarbeiter an den Montagebändern eines Automobilzulieferers, im Lager und im Versand eines Großhandelsunternehmens oder in der Sachbearbeitungsabteilung einer Behörde gegen die Unwägbarkeiten der Umwelt in hohem Maß abgeschottet und mit weitgehend gleichbleibenden Informationen versorgt werden.

Die Trennung zwischen unsicherheitsbearbeitenden Abteilungen auf der einen Seite und einem weitgehend stabil gehaltenen wertschöpfenden Kern auf der anderen Seite führte für die Arbeitnehmer am Fließband, im Versand oder in der Sachbearbeitungsabteilung zu häufig monotonen und langweiligen Arbeitsbedingungen, brachte jedoch einen Vorteil mit sich: Sie konnten erwarten, dass die Arbeitsanweisungen so formuliert waren, dass sie auch erfüllt werden konnten. Machtausübung, Anweisungen und Befehle machen nur Sinn, wenn sie auch grundsätzlich erfüllbar sind. Härten und Grausamkeiten sind damit keineswegs ausgeschlossen, und die Erfüllung einer Anweisung oder eines Befehls kann schwere Schäden anrichten. Es ist sogar der Extremfall vorstellbar, dass ein Befehl nur dann zu erfüllen ist, wenn der Befehlsempfänger bei der Ausführung sein Leben verliert. Aber selbst in diesem Fall gilt: Der Befehl muss erfüllbar sein. Unerfüllbare Befehle gefährden die Legitimität des Befehlsgebers und des Befehlssystems als Ganzes. Wenn der Befehlsgeber einen unerfüllbaren Befehl ausspricht, wird er von den Mitarbeitern nicht mehr ernst genommen.

Durch die Konzepte der »Intrapreneurship«, des »Ein-Personen-Unternehmens« und der »Selbst-GmbH« wird den Mitarbeitern dieser »Schutz« vor unerfüllbaren Verhaltensanforderungen genommen. Die Funktion sicherer Rollen, auf die insbesondere Luhmann aufmerksam gemacht hat, wird tendenziell außer Kraft gesetzt. Man weiß nicht mehr, womit man rechnen muss, was man darf und was nicht. Es gibt keinen Schutz mehr vor den Launen der Mächtigen in der Organisation, und es findet keine Entlastung von unbegrenzter Verantwortung mehr statt.

4.
Qualität: Paradoxe Effekte und ungewollte Nebenfolgen des Qualitätsmanagements

»Bei der Lösung unserer Probleme müssen wir uns davor hüten, noch schlimmere zu schaffen«
Indira Gandhi

Die Berichte von der »Qualitätsfront« lesen sich teilweise so, als hätten Unternehmen, Verwaltungen und Verbände endlich die »Wunderwaffe« gefunden, mit der der »Kampf« um bessere Produkte, effektivere Prozesse und zufriedenere Mitarbeiter gewonnen werden kann. Es wird von Workshop-Konzepten berichtet, durch die in wenigen Tagen Produktivitätssteigerungen von über 40 Prozent und Durchlaufzeitreduktionen von über 50 Prozent erzielt werden können. Es werden kontinuierliche Verbesserungsprozesse präsentiert, bei denen jeder Mitarbeiter dazu angehalten ist, jährlich eine beträchtliche Anzahl von Verbesserungsvorschlägen einzubringen, um so dem Unternehmen Millioneneinsparungen zu ermöglichen.[7]

Als Grund für diese beachtlichen Erfolge wird angegeben, dass man mit verschiedenen Instrumenten des Qualitätsmanagements einen Weg gefunden habe, um sowohl an das »Gold in den Köpfen der Mitarbeiter« als auch an das »Platin der von Japan inspirierten Rationalisierungsexperten« heranzukommen. Über gut organisierte kontinuierliche Verbesserungsprozesse (KVP) kann es gelingen, Erfahrungswissen der Mitarbeiter zu mobilisieren, das aufgrund der starken Arbeitsteilung und der hierarchischen Organisation sonst nicht zum Tragen kommen würde. Durch Kaizen-Kampagnen ist es möglich, dass die Mitarbeiter – inspiriert durch die Erfahrungen in Vorreiterunternehmen – bereitwillig das eigene Unternehmen nach Problemen und Schwachstellen durchforsten. Durch ein gut gestaltetes betriebliches Vorschlagswesen kommen dabei Fehler und Verschwendungen an die Oberfläche, die den Mitarbeitern immer schon bekannt waren, auf deren Existenz sie aber bisher nicht aufmerksam machen konnten.

Der derzeitige Boom des mitarbeiter- und partizipationsorientierten Qualitätsmanagements steht in enger Verbindung zur Dezentralisierungswelle, die in den letzten Jahrzehnten durch die Unternehmen, aber auch die Verwaltungen geschwappt ist. Dabei handelt es sich nicht um eine simple Verlagerung von Qualitätskompetenzen in teilautonome Einheiten nach dem Motto »Qualität dezentral produzieren statt zentralistisch kontrollieren«. Trotz der humanistischen Prosa, die sich häufig in der Literatur findet, wäre es aus meiner Sicht unzutreffend, das Qualitätsmanagement lediglich als eine Maßnahme zu betrachten, durch die der »einfache« Mitarbeiter mit zunehmend dezentral angesiedelten Qualitätskompetenzen und -verantwortungen ausgestattet wird.

Vielmehr muss das Qualitätsmanagement in einem spezifischen Zusammenhang von Zentralisierung und Dezentralisierung begriffen werden. Das Qualitätsmanagement bietet für zentrale Stellen die Möglichkeit, »regelgerecht« auf dezentrale Einheiten zugreifen zu können. Die Verlagerung von Kompetenzen in dezentral angesiedelte Teams, Gruppen und Profitcenter bringt für die vorgesetzten Stellen die Schwierigkeit mit sich, dass sie auf Wertschöpfungsprozesse nicht mehr in der gleichen Weise Einfluss nehmen können wie in einer tayloristischen Organisation. Wenn man der Dezentralisierungsideologie folgt, bestimmen die Vorgesetzten nur noch über das »Was« – das Ergebnis, das herauskommen soll. Das »Wie« liegt vorrangig in der Kompetenz der dezentralen Einheiten.

In dieser Situation bieten Instrumente des Qualitätsmanagements zentralen Stellen die Möglichkeit, auf das »Wie« Einfluss zu nehmen. Zwar kann über kontinuierliche Verbesserungsprozesse, Kaizen-Workshops und Zertifizierungen nach Qualitätsnormen nicht genau vorgeschrieben werden, wie die Wertschöpfungsprozesse im Detail auszusehen haben, es wird aber ein Rahmen für die Organisation des Wertschöpfungsprozesses gesetzt. Dieser Rahmen für dezentral angesiedelte Optimierungsmaßnahmen kann unterschiedlich eng gezogen werden: Bei Zertifizierungen nach Qualitätsnormen wird nicht vorgeschrieben, wie ein Prozess organisiert werden soll, sondern lediglich, dass er nach einem genau definierten Standard durchgeführt wird, dass eindeutige Zuständigkeiten und Verantwortlichkeiten benannt sind und dass der Prozess jederzeit reproduzierbar ist. Bei Qualitätszirkeln und kontinuierlichen Verbesserungsprozessen wird initiiert, dass ein gewisses Spektrum von Themen bearbeitet wird, die Art der Lösungen wird jedoch in die Kompetenz der Gruppen übertragen. Bei Kaizen-Kampagnen wird dagegen wesentlich genauer vorgegeben, nach welchen Prinzipien die Mitarbeiter selbst ihre Optimierungen vornehmen sollen.

In diesem Kapitel geht es darum, die Wirkung der verschiedenen Instrumente des Qualitätsmanagements näher in Augenschein zu nehmen. Der erste Teil (Abschnitt 4.1.) zeigt, dass sich die Überführung von informalen Prozessen in formalisierte Arbeitsabläufe im Rahmen eines Qualitätsmanagements kontraproduktiv auswirken kann und deshalb die an Informalität ansetzenden Qualitätsmaßnahmen wie betriebliches Vorschlagswesen, Kaizen und KVP nur begrenzt wirksam sind. Im zweiten Teil (Abschnitt 4.2.) wird dargestellt, dass der Einsatz mehrerer Qualitätsmanagementinstrumente nicht zu einem integrierten Qualitätsmanagement führen muss, sondern dass vielmehr eine Konkurrenz zwischen den verschiedenen Instrumenten entstehen kann. Im dritten Teil (Abschnitt 4.3.) werden die paradoxen Effekte bei der Bezugnahme auf den Japan-Mythos aufgezeigt. Der Verweis auf Japan diente in Europa so lange zur Legitimation von Qualitätsmanagementstrategien, wie die japanische Wirtschaft boomte. Mit ihrem Einbruch wirkte sich die enge Orientierung an Japan bei der Durchsetzung von Qualitätsmanagementmaßnahmen in Unternehmen zunehmend kontraproduktiv aus. Es zeigt beispielhaft, wie Managementkonzepte mit Verweis auf zeitweise erfolgreiche Volkswirtschaften – zuerst die USA, dann Deutschland, danach

Japan, dann China und zukünftig vielleicht Indien, Brasilien oder ein ganz anderes Land – propagiert werden und sofort an Attraktivität verlieren, wenn die Volkswirtschaften zu schwächeln beginnen. Im vierten Teil (Abschnitt 4.4.) wird argumentiert, dass die Methoden des Qualitätsmanagements eher durch die Anforderungen der auf dem Markt präsenten Beratungsfirmen geprägt sind als durch die Bedürfnisse der nachfragenden Organisationen. Die Überlegung trifft nicht nur für Methoden des Qualitätsmanagements zu, sondern kann auch auf viele von Beratern propagierten Methoden zur Entwicklung von Strategien oder zur Restrukturierung von Organisationen übertragen werden. Im fünften Teil (Abschnitt 4.5.) wird die Funktionalität von »Qualitätsfassaden« in Organisationen dargelegt, und es wird argumentiert, dass es Konstellationen geben kann, in denen kein Akteur Interesse an der Aufhebung des Fassadencharakters des Qualitätsmanagements hat. Der sechste Teil (Abschnitt 4.6.) zeigt, wie die Konturen des Qualitätsmanagements jenseits des Traumes von perfekten Organisationsstrukturen aussehen.[8]

4.1. Die Auseinandersetzung mit den impliziten Spielregeln: Informalität als Umgangsform mit paradoxen Verhaltensanforderungen

Die meisten der von Beratern unterstützten Reformprojekte setzen an den manifesten und sichtbaren Strukturen einer Organisation an. Dass sich Veränderungsprojekte an solchen manifesten Strukturen orientieren, ist nachvollziehbar, weil diese in einer Organisation allgemein bekannt und damit leicht diskutierbar sind. Schon in der Phase der Projektanbahnung gibt es eine verständliche Neigung dazu, Veränderungsprojekte an den offensichtlichen Strukturen zu orientieren. Das Topmanagement braucht eine Vorstellung davon, wie viele Ressourcen durch das Projekt gebunden werden. Die vom Projekt betroffenen Linienmanager möchten wissen, was sich in ihrer Organisation ändern soll. Die Berater wollen einen klar formulierten Auftrag haben, um ihre eigene Kostenkalkulation vornehmen zu können und den Personaleinsatz zu planen.

Im Qualitätsmanagement gibt es jedoch häufig einen anderen Ansatzpunkt. Hinter dem Einsatz von Instrumenten wie Qualitätszirkel, Kaizen und KVP steckt die Hoffnung, die strikte Trennung zwischen Hand- und Kopfarbeit zu überwinden. Die in den 1980er und 1990er Jahren zuerst in der Automobilindustrie und dann in fast allen Branchen eingesetzten Instrumente zielten auf die Mobilisierung des Erfahrungswissens der Beschäftigten und standen damit in deutlicher Konkurrenz zur klassischen Expertenrationalisierung. Statt die Qualitäts- und Rationalisierungsverantwortung lediglich einigen wenigen Experten zu übertragen, sollten für die kontinuierliche Verbesserung der Produktion alle im Unternehmen mobilisierbaren Kräfte genutzt werden – unabhängig von ihrem Status und ihrer Funktion.

Mit der Aufhebung der strikten Trennung von Kopf- und Handarbeit sollte eines der Grundprobleme der tayloristischen Organisationsform angegangen werden: die Diskrepanz zwischen den von Experten ersonnenen Planungen und der Realität des Produktionsablaufs, der nach ganz eigenen Gesetzmäßigkeiten funktioniert. Qualitätszirkel, Kaizen und KVP waren als Ansätze deshalb immer auch darauf ausgerichtet, den unterbrochenen Rückfluss von Anwendungserfahrungen aus der Produktion in die Planung wiederherzustellen und den Kreislauf von Planungs- und Erfahrungswissen wieder zu schließen.

Probleme bei der Überführung informalen Wissens in Standards

Konkret bedeutet das, das informal genutzte Erfahrungswissen der Mitarbeiter in formalisierte Standards zu überführen. Es besteht die Hoffnung, die dezentral von einzelnen Mitarbeitern gefundenen Lösungen über einen Formalisierungsprozess als Struktur, Regel oder

Prozess im Organisationsgedächtnis verankern zu können. Sobald eine Lösung sich bewährt hat, gehört es nach Ansicht von Masaaki Imai (1992) zu den zentralen Aufgaben des Managements, ihren Nutzen über die gesamte Organisation zu verbreiten, indem die Verbesserung durch klare Vorgaben verbindlich gemacht wird.

Aber genau an dieser Stelle stoßen die Initiativen des Qualitätsmanagements erfahrungsgemäß auf Probleme. Warum sollten sich Mitarbeiter dafür begeistern, im Rahmen einer Qualitätskampagne ihr informales Arbeitsverhalten, ihre verdeckten Spielräume und leistungsrelevanten Reserven aufzudecken? Das Erfahrungswissen, die geheimen Spielräume, die Kenntnis der informalen Abläufe in der Organisation und die verdeckt gehaltenen Leistungsreserven sind Trumpfkarten, die Mitarbeiter in den organisatorischen Machtkämpfen einsetzen. Eine Formalisierung und Standardisierung stellt für sie eine Bedrohung dar: Ihr Erfahrungswissen wird Allgemeingut, und sie selbst haben keine Trumpfkarte mehr, die sie ziehen können.

Wie und warum sich Widerstand gegen Initiativen zum Qualitätsmanagement bemerkbar macht, wurde bei der Kaizen-Kampagne in einem französischen Gebäudemanagementunternehmen, nennen wir es Sommet, deutlich. Die Zentrale von Sommet lancierte eine großangelegte Kaizen-Kampagne, um die Qualität der Arbeit der Handwerkerteams zu verbessern und die Kundenzufriedenheit zu erhöhen. Es bestand die Hoffnung, dass über die Kaizen-Kampagne die von der Zentrale vorgegebenen Qualitäts-, Produktions-, Abrechnungs- und Bewilligungsstandards durchgesetzt werden können. Die verschiedenen eingesetzten externen Berater erhielten quasi einen Doppelauftrag: Sie sollten einerseits das lokal vorhandene Know-how mobilisieren und andererseits mit den Kaizen-Workshops dazu beitragen, dass das somit gewonnene Erfahrungswissen in Standardprozesse um- und somit durchgesetzt würde.

Die internen und externen Berater stießen im Projekt immer wieder auf erheblichen Widerstand von Teammitgliedern gegen offensichtliche Arbeitserleichterungen. Das war für die Betreiber der Kaizen-Kampagne überraschend, weil man davon ausging, dass die durch eine Betriebsvereinbarung vor Entlassung geschützten Mitarbeiter ein Interesse an der Optimierung der Abläufe hätten. Es wurde jedoch übersehen, dass diese so offensichtlich ungenutzt erscheinenden Rationalisierungsreserven in der individuellen Rationalität der Mitarbeiter ganz wichtige Funktionen erfüllten.

So gab es in einem Workshop die Situation, dass sich ein Wartungsteam mit Händen und Füßen dagegen wehrte, ein Kleinteillager aufzuräumen. Dies erschien den Kaizen-Trainern irrational, weil ein gut geordnetes Lager für alle Mitarbeiter die Materialsuche erleichtert hätte. Erst in Randgesprächen wurde den Beratern mitgeteilt, dass auch Fremdfirmen Zugang zu diesem Lager hätten, wenn sie ihre Reparaturleistungen günstiger als das Handwerkerteam anbieten. Da die Kleinteile offiziell im Besitz des Kunden waren, konnte man den Fremdfirmen den Zugang nicht verwehren. Die Strategie des hauseigenen Handwerkerteams war also, ein solches Chaos im Lager zuzulassen, dass nur die »Lagerexperten« des eigenen Teams die benötigten Teile finden konnten. So konnte eine Entnahme von Teilen durch die Fremdanbieter weitgehend ausgeschlossen werden. Ein nach Kaizen-Vorstellungen aufgeräumtes Lager hätte jedoch diesen Fremdfirmen den Zugang zu den Kleinteilen erleichtert und damit beim Kunden die Tendenz verstärkt, vermehrt Aufträge an Fremdfirmen zu vergeben.

In einem weiteren Workshop stand die Optimierung der Raumsituation auf der Tagesordnung, weil alle Mitarbeiter über lange Wege, Abstimmungsschwierigkeiten und schlechte Arbeitsbedingungen klagten. Die Berater setzten bei der Optimierung der »offiziell« vorhandenen Räume an. Im Laufe des Workshops zeigten die Mitarbeiter den Beratern unter dem Siegel der Verschwiegenheit, dass neben den sechs offiziell angemieteten Räumen in den Katakomben des Großobjektes noch etwa 20 bis 30 weitere »illegal« genutzte Räumlichkeiten existierten. In den vergangenen Jahrzehnten hatte sich das Wartungsteam immer wieder Lüftungsräume, Stauräume unter Rolltreppen, ehemalige Fahrzeugwärterräume und vergessene Abstellräume »angeeignet«. Diese Räume hatten sich über die Jahre zu bequemen Einzelarbeitsplätzen für Mitarbeiter entwickelt, die teilweise mit Tapeten, Teppichen und Mikrowellenherden ausgestattet waren und in denen die Mitarbeiter ungestört vom Management und vom Kunden ihre Arbeit verrichten konnten. Weder die Teamleiter noch die Mitarbeiter hatten ein Interesse daran, diese »illegalen Räume« aufzulösen, weil sie so im ganzen Komplex Lager- und Arbeitsräume hatten. Den Beratern wurde zu verstehen gegeben, dass die Räume, die man ihnen im Vertrauen gezeigt hatte, während des Workshops nicht existieren würden, dass man sich aber an der Optimierung der offiziellen Räume aktiv beteiligen würde.

Im dominierenden Strang des Qualitätsmanagements würde die Existenz solcher informalen Verhaltensweisen, verdeckten Spielräume und leistungsrelevanten Reserven als Ansatzpunkt für Qualitätsverbesserungsmaßnahmen gesehen werden. Man würde genau an den informalen Aspekten der Organisation ansetzen, um sie in formalisierte (und damit kollektiv optimierbare) Arbeitsbedingungen zu überführen. Übersehen wird dabei jedoch, dass Informalitäten in Organisationen eine wichtige Funktion erfüllen.

Die Funktionalität von Regelabweichungen

Der Kampf gegen die Informalität, der in Kaizen-Kampagnen und kontinuierlichen Verbesserungsprozessen häufig implizit geführt wird, geht von einem zweckrationalen Organisationsverständnis aus. Es wird unterstellt, dass Organisationen einen eindeutigen Zweck haben und dass die Ausrichtung daran über Hierarchien von oben nach unten durchgesetzt wird. Wenn man jedoch stattdessen davon ausgeht, dass Organisationen durch inkonsistente Zwecke und brüchige Hierarchien gekennzeichnet sind, dann ähnelt der Versuch der Eindämmung von Informalität dem Kampf des Don Quichote. Dabei stellen – und in dem Punkt sind sich die Organisationsforscher weitgehend einig – formale und informale Strukturen zwei wichtige komplementäre Aspekte von Organisationen dar. Über Informalität werden die widersprüchlichen Anforderungen in Organisationen abgefedert und so die Unvollkommenheiten des Regelwerks ausgeglichen.

Dieser Effekt zeigte sich auch in dem oben angesprochenen Fall von Sommet. Wenn widersprüchliche Anforderungen an die Teams herangetragen wurden, bildeten sie informale Strukturen aus, die es ihnen ermöglichten, sich aus dem Dilemma zu lösen, indem sie sich befanden: Einerseits wurde von ihnen verlangt, sich strikt an die umfassenden Konzernrichtlinien zu halten, andererseits aber auch, die Kundenwünsche schneller, flexibler und kostengünstiger zu erfüllen als die kleinen Handwerksunternehmen, mit denen man als großes Gebäudemanagementunternehmen konkurrierte.

Ein weiteres Thema war beispielsweise die Richtlinie des Konzerns, dass bei der Vergabe von Unteraufträgen über 500 Euro drei Angebote eingeholt werden mussten. Es wurde relativ schnell deutlich, dass diese Vorschrift in den Teams sehr frei interpretiert wurde. Statt mehrere Anbieter um den Auftrag konkurrieren zu lassen, wurde nicht selten ein vorher feststehender Auftragnehmer beauftragt, parallel zur sofortigen Erfüllung des Auftrags auch noch zwei weitere Angebote von »kooperierenden Konkurrenten« einzuholen. Durch diese Praxis war es möglich, auf der einen Seite den Konzernrichtlinien in Bezug auf die Auftragsvergabe wenigstens »offiziell« Genüge zu tun, gleichzeitig aber den Endkunden schnell mit einer Leistung zu beliefern. Die Bearbeitung dieser Informalität in den Workshops verbot sich natürlich, weil man schlecht die Umgehung von Konzernrichtlinien formalisieren und so für die Vorgesetzten allgemein sichtbar machen konnte.

Ein ähnlicher Prozess ließ sich bei der Lagerhaltung feststellen. Die Vorgabe der Zentrale lautete, die Lagerhaltung auf ein Minimum zu reduzieren. Begründet wurde diese Vorgabe damit, dass im Instandhaltungsbereich keine Vorratshaltung existieren dürfe, weil sie hohe Lagerhaltungskosten und Kapitalbindungen mit sich bringe. Diese Vorgabe der Zentrale stand jedoch im Widerspruch zu den Interessen der Endkunden, die bei einem Problem nicht bereit waren, auf die Anlieferung von Ersatzteilen zu warten, und von den lokalen

Teams verlangten, wichtige Teile auf Lager zu haben. Dies führte zur Existenz von offiziellen »weißen Lägern« und informalen »schwarzen Lägern«. Die »schwarzen Läger« konnten bei Anwesenheit von Mitarbeitern der Zentrale nur begrenzt thematisiert werden, weil sie offiziell gar nicht existierten. Die Optimierung setzte deshalb an den zahlenmäßig unbedeutenden »weißen Lägern« an, während die versteckten »schwarzen Läger« ausgeblendet wurden.

Die Bearbeitung solcher informalen Prozeduren ist im Rahmen von dezentral stattfindenden Qualitätszirkeln, kontinuierlichen Verbesserungsprozessen und Kaizen-Workshops nur begrenzt durchführbar. Der Versuch, das informale Arbeitsverhalten, die verdeckten Spielräume und leistungsrelevanten Reserven zu reduzieren, hätte dazu geführt, dass die Teams keine Puffer mehr gehabt hätten, um die widersprüchlichen Anforderungen zu erfüllen. Wenn die Teams sich ausschließlich an das Regelwerk gehalten hätten, wären sie daran zerbrochen, gleichzeitig die widersprüchlichen Anforderungen des Kunden, des eigenen Managements und des Konzerns erfüllen zu müssen.

In der klassischen Qualitätsmanagementideologie gibt es eine vermeintliche Auflösung für solche widersprüchlichen Arbeitsanforderungen. Man müsse die paradoxen Arbeitsanforderungen als Aufgabe für höhere Positionen begreifen: Alle Probleme, die nicht dezentral gelöst werden können, müssen – so die Vorstellung – von den zuständigen Mitarbeitern der Zentrale gelöst werden.

Diese Vorstellung ist jedoch aus zwei Gründen naiv: Der erste Grund ist, dass der Vorstandsvorsitzende eines Unternehmens mit mehreren hunderttausend Mitarbeitern nicht mit allen paradoxen Ansprüchen konfrontiert werden kann, nur weil ein Team in einer Einheit eines Geschäftsbereichs darum bittet, die Konzernrichtlinien zu ändern. Der zweite, wichtigere Grund ist, dass in Unternehmen gar keine Möglichkeit existiert, alle Anforderungen widerspruchsfrei unter einen Hut zu bringen, weil eine Organisation immer auf ganz unterschiedliche Umwelten ausgerichtet ist.

4.2. Der paradoxe Effekt eines integrierten Qualitätsmanagements

Während nach dem Zweiten Weltkrieg in den meisten Organisationen lediglich das betriebliche Vorschlagswesen als Mittel des Qualitätsmanagements angewandt wurde, ist inzwischen in vielen Organisationen eine ganze Palette von verschiedenen Instrumenten im Einsatz: Qualitätszirkel, KVP, KVP2, Kaizen, Japan-Diät, Balanced Scorecard, Genesis, Zertifizierung nach den IS0–9000ff.-Qualitätsnormen oder Verbesserungsprogramme nach den Standards der European Foundation for Quality Management – die Liste der Maßnahmen ist kaum noch zu überschauen.

Es ist nicht immer klar, ob ein neues Instrument eine wirkliche methodische Neuerung darstellt, ob lediglich alter Wein in neuen Schläuchen verkauft wird oder ob eine Beratungsfirma versucht, eine Kombination verschiedener Instrumente als eigenes Produkt auf dem Markt zu platzieren. So lässt sich in einigen Unternehmen beobachten, dass die in den 1980er Jahren vielfach kritisierte Idee der Qualitätszirkel erst unter dem Begriff der KVP-Gruppen und, als dieses Konzept abgefeiert schien, unter dem Namen Kaizen revitalisiert wurde. Die methodischen Neuerungen, die sowohl beim KVP als auch beim Kaizen gegenüber den Qualitätszirkeln vorhanden waren, gingen dabei häufig verloren. Der Überblick über die Methoden des Qualitätsmanagements wird weiter dadurch erschwert, dass die aus Japan stammenden Konzepte der KVP-Gruppen und Kaizen-Workshops von Beratungsfirmen unter markenrechtlich geschützten Begriffen wie V.I.T., cedac, KVP2 oder Genesis propagiert werden.

Für den parallelen Einsatz mehrerer unterschiedlicher Instrumente des Qualitätsmanagements gibt es einen manifesten, problemlos zu kommunizierenden Grund und einen latenten, in der Organisation weniger leicht anzusprechenden Grund. Der manifeste Grund ist, dass jedes Instrument nur einen Teilbereich eines Qualitätsproblems abdeckt. So wird mit KVP-Gruppen zwar versucht, an das »Gold in den Köpfen der Mitarbeiter« heranzukommen, externes Rationalisierungs-Know-how wird aber in der Regel nicht genutzt. Auf der anderen Seite werden mit Kaizen-Workshops unter Zuhilfenahme von Rationalisierungsexperten genau definierte Problemfelder bearbeitet, aber es werden nicht alle Ideen genutzt, die einzelne Mitarbeiter in ihrem Arbeitsprozess entwickeln. Daher werden häufig verschiedene Qualitätsmanagementinstrumente kombiniert. Der zweite, in der Organisation weniger leicht zu kommunizierende Grund ist, dass sich die Instrumente zum Qualitätsmanagement mit der Zeit abnutzen. Die KVP-Gruppen verlieren an Elan, die Qualität der Vorschläge im betrieblichen Vorschlagswesen lässt nach und die Kaizen-Workshops werden nach dem Auslaufen der Beraterverträge nur noch begrenzt fortgeführt. Die Abteilungen für Qualitätsmanagement, deren Erfolg nicht mehr nur anhand der Prüfung der Produktqualität gemessen wird, sondern auch daran, inwiefern es ihnen gelingt, über neu entwickelte Qualitätsmanagementinstrumente die permanente Prozessverbesserung am Laufen zu halten, entwickeln eine hohe Bereitschaft, immer wieder neue Qualitätsmanagementinstrumente auszuprobieren.

Der Boom auf dem Markt des Qualitätsmanagements führt in vielen Organisationen zu der Haltung »Je mehr, desto besser«. Es wird davon ausgegangen, dass man von Qualität, genauso wie von Profit oder Liebe, nie genug haben kann und dass deshalb eine Vielzahl von verschiedenen Qualitätsmaßnahmen sinnvoll ist. Dabei wird aber übersehen, dass diese Qualitätsmanagementinstrumente in Konflikt miteinander geraten können.

Konkurrenz zwischen betrieblichem Vorschlagswesen, KVP und Kaizen: Der Fall eines Mittelständlers

In einem mittelständischen Unternehmen – nennen wir es Veletto – wurde mit verschiedenen Instrumenten des Qualitätsmanagements wie Kaizen, KVP, betriebliches Vorschlagswesen, Japan-Diät und ISO-Zertifizierung gearbeitet. Ferner beteiligte sich das Unternehmen an verschiedenen Qualitätswettbewerben. Das betriebliche Vorschlagswesen wurde schon zu Zeiten des Unternehmensgründers etabliert, fiel dann jedoch in einen Dornröschenschlaf, bevor es zwanzig Jahre später durch den neuen Geschäftsführer revitalisiert wurde. Es wurde die Maxime ausgegeben, dass die Anzahl der Verbesserungsvorschläge jedes Jahr um 30 Prozent gesteigert werden sollte. Der kontinuierliche Verbesserungsprozess wurde eingeführt, nachdem festgestellt worden war, dass eine »Fabrik des Jahres« mit KVP positive Erfahrungen gemacht hatte. KVP wurde im Prinzip wie ein Qualitätszirkel unter der Leitung interner Moderatoren durchgeführt und sollte dazu dienen, im Alltagsprozess anfallende Problemfelder in Gruppen von drei bis sechs Personen zu bearbeiten. Zwei Jahre nach KVP wurde im Unternehmen mit einer Kaizen-Kampagne begonnen. Im Gegensatz zu den sehr offenen Prozessen im betrieblichen Vorschlagswesen und im KVP lag dem Kaizen eine klare Produktions- und Fertigungsideologie zugrunde. Zusätzlich zu betrieblichem Vorschlagswesen, KVP und Kaizen wurde dann noch die »Japan-Diät« eingeführt. Sie bestand aus zwanzig »Schlüsseln«, durch die verschiedene Arbeitsfelder optimiert werden sollten. Parallel zu diesen Prozessen wurde die ISO-Zertifizierung des Betriebs angedacht.

Wie sah das Zusammenspiel dieser unterschiedlichen Maßnahmen zum Qualitätsmanagement aus? Der Grundtenor vieler Gesprächspartner bei Veletto war, dass das Qualitätsmanagement »gar nicht schlecht« sei, aber leider »übertrieben« werde: »Brauchen wir«, so ein Abteilungsleiter, »das alles, brauchen wir den ganzen Rummel?« Von den Mitarbeitern wird inzwischen eine Überlastung mit unterschiedlichen Verbesserungsmaßnahmen konstatiert: »Das Qualitätsmanagement«, so ein anderer Abteilungsleiter, »wird manchmal auf Kosten des Produktionsablaufs übertrieben. […] Vielleicht wird bei uns zu viel gemacht und zu viel Geld in Berater und zu wenig in die weitere Entwicklung von Maschinen gesteckt.«

Die wachsende Konkurrenz, die sich zwischen den verschiedenen Verbesserungsmaßnahmen ausgebildet hatte, war der Ursprung dieser Klagen. So schlugen Mitarbeiter in den KVP-Workshops bewusst einige naheliegende Lösungen nicht vor, weil sie hofften, durch entsprechende Vorschläge im Rahmen des betrieblichen Vorschlagswesens Prämierungen zu erhalten. Mitarbeitern, die während der KVP-Workshops Lösungen einbrachten, die sich für das betriebliche Vorschlagswesen eigneten, wurde von Kollegen zu verstehen gegeben, dass sie sich doch lieber zurückhalten sollten.

Auch zwischen Kaizen und KVP entstanden Konflikte: Der Kaizen-Berater nahm für seine Kampagne in Anspruch, die Standards der Arbeitsorganisation neu zu setzen und KVP lediglich zum »fine tuning« einzusetzen: Kaizen sei wie das Fällen eines Baumes, während KVP zur Herstellung von Zahnstochern diene. Diese propagierte Hegemonie von Kaizen über die Produktionsorganisation wurde besonders von den Abteilungsleitern nicht akzeptiert. Kaizen wurde eher als »von außen kommend« betrachtet, während KVP als internes Projekt angesehen und gerade von den Abteilungsleitern gefördert wurde. Die Konflikte zwischen den unterschiedlichen Produktions- und Reorganisationskonzepten von Kaizen und KVP traten insbesondere immer dann auf, wenn in Kaizen- und KVP-Workshops unterschiedliche Lösungen für das gleiche Problem erarbeitet wurden.

Ansätze zu einem integrierten Qualitätsmanagement: Die Verschärfung des Konflikts

Die Konflikte, die durch den Einsatz verschiedener Qualitätsmanagementinstrumente entstehen, werden im Hauptstrang der Diskussion nicht als verständliches Ergebnis der funktionalen Differenzierung in Organisationen begriffen. Vielmehr werden sie als Aufforderung zu einer »optimalen Abstimmung zwischen Zielen und Wegen bzw. Prozessen« verstanden. Konzepte wie Total Quality Management, Integratives Qualitätsmanagement oder Integriertes Qualitätsmanagement erheben den Anspruch, die verschiedenen Instrumente zur Qualitätssteigerung zusammenzuführen.[9]

Auch von der Geschäftsführung des mittelständischen Unternehmens Veletto wurden die verschiedenen konkurrierenden Verbesserungskampagnen als Problem betrachtet und ein integriertes Qualitätsmanagement propagiert: »Ja, wir sind bemüht, es gibt da so ein paar ganzheitliche Systeme, die alles vernetzen.« Interessant ist dabei, dass von jeder neuen Qualitätsmaßnahme eine Integration der verschiedenen anderen Qualitätsmaßnahmen erwartet wurde. So wurde an Kaizen die Hoffnung geknüpft, auch Initiativen aus dem KVP und dem betrieblichen Vorschlagswesen integrieren zu können. Der Geschäftsführer erklärt: »Mit dem Kaizen-Berater haben wir den ersten Profi in all diesen Methoden; was bisher nur punktuell war, bringt Meyer nun plötzlich auf die Reihe.« Auch mit der Japan-Diät war die Hoffnung verbunden, dass darüber ein einheitliches Vorgehen erreicht werden könnte: Der Diät-Berater Dr. Schmidt, so erläutert der Geschäftsführer, »bringt alles in ein ganzheitliches Konzept«.

Entgegen dieser Einschätzung des Geschäftsführers lässt sich jedoch vielmehr die Entwicklung beobachten, dass durch die Einführung neuer Maßnahmen, die eigentlich integrierend wirken sollten, zusätzliche Konflikte und Widersprüche entstehen. Durch ganzheitliche Konzepte wie Kaizen und Japan-Diät kommen zusätzliche Spieler ins Spiel, und es entstehen neue Interessenkonstellationen. Es bilden sich eher zusätzliche Konfliktlinien aus, als dass es zu einer Reduzierung der Konflikte durch ein integriertes Konzept kommt. Der Versuch, den Effekten der funktionalen Differenzierung in Organisationen und den daraus entstehenden lokalen Rationalitäten durch integrierte Managementkonzepte zu begegnen, erscheint als eine Sisyphusaufgabe – nur mit der verschärften Bedingung, dass der Stein bei jedem neuen Versuch etwas schwerer wird.

4.3.·Der Rückstoßeffekt: Der Japan-Mythos im Qualitätsmanagement

Das Fehlermeldesystem Andon, die Fehlervermeidungsstrategie Baka-Yoke, Gemba, die Qualitätsphilosophie Kaizen, das Instrument zur Harmonisierung des Produktionsflusses Heijunka, das Ishikawa-Diagramm, das Hilfsmittel zu Problemlokalisierung Jidoka, das Logistikkonzept Kanban, die Kaishain-Personalmanagementphilosophie, die drei großen Mu »Muda, Mura, Muri« als Grundlagen der Verlustphilosophie, die fünf Ordnungsprinzipien »Seiri, Seiton, Seiso, Seiketsu und Shitsuke«, Warusa Kagen – in kaum einem Bereich von Organisationen haben so viele japanische Begriffe Einzug gehalten wie im Qualitätsmanagement.

Die Übernahme japanischer Qualitätsinstrumente galt lange Zeit als Erfolgsgarantie für Organisationen in Europa und Amerika. Konsequenterweise wurden besonders in vielen Unternehmen Reorganisationsprojekte dann auch mit Verweis auf den japanischen Ursprung der Strategien propagiert. Damit war jedoch eine Vielzahl von Qualitätsmaßnahmen an einen »Japan-Mythos« gekoppelt, der sich bei den zunehmenden Schwierigkeiten der japanischen Wirtschaft kontraproduktiv auswirken kann.

Mythos: Das effektive und effiziente Qualitätsmanagement war für den wirtschaftlichen Erfolg Japans verantwortlich

Wie lässt sich die Popularität japanischer Begriffe im europäischen und amerikanischen Qualitätsmanagement erklären? Die Verbreitung japanischer Qualitätsmanagementkonzepte hängt eng mit dem wirtschaftlichen Erfolg Japans in den 1980er und frühen 1990er Jahren zusammen. In wichtigen Wirtschaftszweigen wie der Automobil-, Schiffbau-, Computer- und Elektronikindustrie drängten japanische Unternehmen mit vergleichsweise günstigen Qualitätsprodukten auf die europäischen und amerikanischen Märkte. In Schlüsselbranchen wie dem Maschinenbau erreichten die japanischen Produkte zeitweise Weltmarktanteile von über 50 Prozent.

Eine besonders in den 1980er Jahren vorherrschende Erklärung führte die Stärke japanischer Unternehmen auf eine vermeintlich fleißigere und genügsamere Mentalität in Nippon zurück. Es wurde herausgestellt, dass Tugenden wie Pünktlichkeit, Disziplin, Fleiß, Leistungsbereitschaft, gegenseitige Rücksichtnahme, Bescheidenheit und Höflichkeit in der japanischen Arbeitswelt eine zentrale Rolle spielten. Die japanische Arbeitswelt, so dieser Erklärungsansatz, sei geprägt durch ein Streben nach Vollkommenheit, Harmonie und Konsens. Das Arbeitsleben sei, wie die japanische Gesellschaft insgesamt, durchdrungen mit Gruppenbewusstsein und Gemeinschaftssinn: Das Interesse der Gruppe stehe über dem Interesse des Einzelnen. Eine zentrale Rolle in Japan spiele ferner die Loyalität des Arbeitnehmers gegenüber seinem Arbeitgeber, die vom Betrieb mit Beschäftigung auf Lebenszeit belohnt werde.

Diese kulturalistische Erklärung verstärkte im europäischen und amerikanischen Management die Haltung, dass man »nicht viel machen könne«. Der Schlüssel zum Erfolg der Japaner liege in einer nationalspezifischen kulturellen Mentalität, die von Unternehmen aus einem anderen Land nicht einfach kopiert werden könne. Bei einer Annäherung der westlichen Arbeitsorganisation an das japanische »Betriebsclan-Modell« wäre mit einer Diskrepanz zwischen der Organisationsstruktur und der individualistisch geprägten kulturellen Umwelt zu rechnen.

In den 1980er Jahren entwickelte sich verstärkt eine Gegenposition zu diesem kulturalistischen Standpunkt. Ihre Vertreter argumentierten, dass der japanische Organisationstyp unabhängig von den Besonderheiten japanischer Kultur und Mentalität funktionieren könne. Mit Verweis auf die von japanischen Unternehmen in Amerika und Europa betriebenen Werke wurde argumentiert, dass die Charakteristika des japanischen Organisationsmodells wie Gruppenarbeit, Kanban-Produktion, Just-in-Time-Beziehungen und kontinuierlicher Verbesserungsprozess auch in westlichen Industriestaaten erfolgreich implementiert werden könnten.

Angesichts dieser Kontroverse ist es verständlich, dass amerikanische und europäische Manager jedes Erklärungsangebot aufsaugten, das den Aufstieg der Japaner nicht auf eine bestimmte Mentalität, sondern auf eine spezifische Form der Arbeitsorganisation zurückführte. Der Glaube, dass der Aufstieg der japanischen Unternehmen in einer Managementstrategie begründet war, erlaubte die Schlussfolgerung, dass man diese Erfolgsrezepte kopieren, übernehmen und weiterentwickeln konnte, und man versprach sich ähnlichen Erfolg, wenn man nur diesen Strategien folgte. Ähnlich wie bei den Verschlankungsstrategien à la Lean Management führten auch im Qualitätsmanagement die beeindruckend erscheinenden Errungenschaften der japanischen Unternehmen dazu, dass ihre Strategien in europäischen und amerikanischen Unternehmen schnell als ein möglicher Schlüssel zum Erfolg angesehen wurden.

Die Vorstellung, dass der Einsatz japanischer Qualitäts- und Produktionsmanagementmethoden zum Erfolg führe, wurde immer mehr zu einer kaum hinterfragten Annahme. Es wurde eine enge Ursache-Wirkungs-Kette zwischen japanischem Qualitätsmanagement und wirtschaftlichem Erfolg des Landes postuliert. Andere Erklärungen für den Boom Japans wie das Sparverhalten der Japaner, die Zugehörigkeit zu Unternehmensnetzwerken, geringe staatliche Abgaben, die Besonderheit der japanischen Unternehmensgewerkschaften, das Prinzip der lebenslangen Beschäftigung oder der Mehrarbeit in japanischen Fabriken wurden in dieser Phase aus dem Rationalitätsfokus ausgeblendet. Statt die vermeintliche Überlegenheit japanischer Unternehmen anhand der Achsen »lange Arbeitszeit versus kurze Arbeitszeit« oder »japanische versus westliche Organisationskultur« zu erklären, wurde der »Schnitt durch die Welt« entlang der Achse »effektives japanisches Produktions- und Qualitätsmanagement versus überkommenes tayloristisches Produktions- und Qualitätsmanagement in Europa« gezogen (vgl. Ortmann 1994: 144).

Japans Wirtschaftserfolg wurde auf die Spezifik des japanischen Produktions- und Qualitätsmanagements reduziert; so ging bald der Begriff vom »Japan-Mythos« durch die Wirtschaftspresse. Die Besonderheit von Mythen ist es nun, dass sie nicht frei erfunden sind. Gerade das Produktionsmodell von Toyota hatte zweifellos seinen Anteil am Erfolg der japanischen Automobilindustrie. Mythen basieren nur zum Teil auf nachweisbaren Tatsachen, werden aber in ihrer Gesamtheit für wahr gehalten.

In vielen Organisationen wurde der »Japan-Mythos« als »Transformationsriemen« für Qualitätsmaßnahmen eingesetzt. Dabei ließen sich zwei Formen der »indirekten Japanisierung« unterscheiden: Die erste Form der Japanisierung zielte darauf, einzelne Formen der japanischen Managementpraxis zu übernehmen und diese mit eigenen Strategien anzureichern. Die zweite Strategie bestand darin, den Schein der japanischen Effizienz lediglich als Legitimation für eine eigenständige Veränderungsstrategie zu nutzen (siehe dazu Ackroyd u.a. 1988).

In dem Großunternehmen im Gebäudemanagement beispielsweise wurden die Workshops zum Qualitätsmanagement anfangs bewusst unter dem Begriff Kaizen propagiert, um mit dem Verweis auf die japanischen Erfolge Veränderungsdruck zu erzeugen. Die Berater hantierten in den Workshops mit japanischen Begriffen wie Muri oder Seiri, um den Reorganisationsmaßnahmen Autorität zu verleihen. Bei Veletto, einem mittelständischen Unternehmen, wurde eine ganze Qualitätskampagne unter den Begriff der Japan-Diät gestellt, um deutlich zu machen, dass man sich an den Erfolgsrezepten der japanischen Industrie orientierte.

Der Einsatz von vereinfachenden, unhinterfragten Ursache-Wirkungs-Ketten bringt, ebenso wie die Verwendung von Dogmen und Fiktionen, unbestreitbar einen Nutzen: Sie geben Orientierung, sie sparen Zeit, und sie bauen Macht auf. Durch den Verweis auf die bewährte japanische Praxis wurde der Rahmen für die Qualitätsmaßnahmen abgesteckt, und die aufwändigen Diskussionen darüber, in welcher Art und Weise man vorgehen solle, wurden abgekürzt. Ein

Akteur, der sich des »Japan-Mythos« bediente, baute erst einmal Einfluss auf, weil andere Akteure gezwungen wurden, die Überlegenheit, Übertragbarkeit oder Tragfähigkeit der angenommenen Ursache-Wirkungs-Ketten anzuerkennen.

Der Rückstoßeffekt: Probleme der japanischen Wirtschaft

Die Standardkritik an Mythen zielt auf ihre zu große Distanz zur Realität. Der Mythos wird durch neu aufkommende Zweifel, überraschende Begebenheiten in der Umwelt der Organisation oder neu hinzukommende Akteure als solcher sichtbar gemacht und damit zerstört. Er verliert damit seine Fähigkeit, durch das Schaffen von Ignoranzen die Organisation handlungsfähiger zu machen.

Im Fall des japanischen Qualitätsmanagements wird jedoch ein anderes Problem des Arbeitens mit Mythen sichtbar. Mit der Bezugnahme auf Mythen binden sich Akteure an Ursache-Wirkungs-Ketten, deren sie sich dann nicht immer ohne Weiteres entledigen können. Die Qualitätsmanager, Berater oder Trainer, die ihre Maßnahmen mit dem Verweis auf Japan legitimieren, bekommen Probleme, wenn ihre Annahmen sich auf ein nicht mehr erfolgreiches Modell beziehen.

Die Schwierigkeiten der japanischen Wirtschaft ab der zweiten Hälfte der 1990er Jahre können vermutlich genauso wenig monokausal auf die Überlegenheit europäischer, US-amerikanischer oder chinesischer Produktions- und Qualitätsmanagementmodelle zurückgeführt werden, wie der japanische Erfolg zehn Jahre zuvor allein durch das Toyota-Produktionsmodell erklärt werden konnte. Zu Recht wiesen Beobachter darauf hin, dass eine lähmende Verflechtung der japanischen Großbetriebe, ein marodes Bankensystem, politische Fehlentwicklungen und ein Wertewandel in der japanischen Gesellschaft wichtige Faktoren zur Erklärung der wirtschaftlichen Schwierigkeiten Japans sind.

Bei der Betrachtung des Qualitätsmanagements interessiert uns hier nicht, welche Ursachen für die Probleme der japanischen Wirtschaft verantwortlich waren, sondern vielmehr, welche Auswirkungen die schlechte ökonomische Verfassung Japans auf die Verwendung des »Japan-Mythos« in Qualitätsmanagementprojekten andernorts hat.

Je mehr sich die wirtschaftliche Lage Japans verschlechterte, desto häufiger stellten die Akteure in westlichen Firmen wie Sommet oder Veletto, die an den in ihrem Hause propagierten japanischen Methoden Zweifel hegten, in ihren kritischen Äußerungen den »Japan-Mythos« infrage. Bei Sommet wurde von einem Handwerker die Frage aufgeworfen, weshalb man überhaupt mit einer japanischen Qualitätsmethode wie Kaizen arbeiten würde. Den »Japanern gehe es doch gar nicht so gut«. Bei Veletto wurde angesichts der Diskussion über Kaizen die rhetorische Frage gestellt, ob man »das nicht auch auf Deutsch sagen könnte«. Immerhin, so das Argument, gibt es doch eine erfolgreiche deutsche Tradition der Facharbeit. Zur Wiederbelebung der »deutschen Tugenden Ordnung und Sauberkeit« müsse man sich ja wirklich nicht eines fragwürdigen japanischen Erfolgsmodells bedienen.

Der »Japan-Mythos« wurde also den Promotoren des Qualitätsmanagements als abschreckendes Beispiel entgegengehalten. In einem Unternehmen führte der wachsende Widerstand gegen einen japanischen Projektnamen, der sich noch dazu auf ein fragwürdiges Erfolgsmodell bezog, zu einer Namensänderung im Laufe des Prozesses. Statt von einer »Kaizen-Kampagne« war jetzt von einem »KVP-Prozess« die Rede. Zur Stützung des Prozesses wurde dann nicht mehr so stark der »Japan-Mythos« bemüht, sondern es wurde vielmehr auf die Erfolge verwiesen, die andere Unternehmensteile des Konzerns vermeintlich mit dem Programm erzielt hatten.

4.4. Anpassung an die Interessen der Beratungsfirmen und Qualitätsabteilungen

Bei der Operationalisierung verschiedener aus Japan stammender Instrumente gab es in europäischen und amerikanischen Unternehmen eine paradoxe Entwicklung: Auch wenn immer von Qualitätszirkeln, Kaizen oder Japan-Diät als Ausdruck einer umfassenden Qualitätsvorstellung geredet wurde, waren die Hauptinstrumente, die von den Beratungsfirmen eingesetzt wurden, einstündige Sitzungen oder intensive mehrtägige Workshops, in denen Mitarbeiter zusammengeholt wurden und Bereiche unter den Labeln Kaizen, Qualitätszirkel oder Japan-Diät umorganisiert wurden.

Regelmäßige einstündige Treffen und mehrtägige Workshops scheinen in vielen Situationen äußerst effektive Instrumente zu sein, um Veränderungsprozesse anzustoßen. Sie ermöglichen es, punktuell Mitarbeiter zur Lösung genau definierter Problembereiche zusammenzuziehen. Auffällig ist jedoch, dass besonders das Workshop-Prinzip auf den ersten Blick dem vom Qualitätspapst Masaaki Imai und anderen geforderten Prinzip einer kontinuierlichen Verbesserung eigentlich widerspricht, zeichnen sich Workshops doch gerade dadurch aus, dass sie eine Ausnahmesituation darstellen.

Wie kam es, dass Kaizen als Prinzip der permanenten Verbesserung primär auf die Durchführung von Workshops reduziert wurde?

Qualitätszirkel und Kaizen: Angepasst an die Funktionsweise von Beratungsfirmen

Liest man Selbstbeschreibungen von Unternehmen über ihr Qualitätsmanagement, dann entsteht der Eindruck, dass die Form der Umsetzung über Workshops aus den Anforderungen des jeweiligen Unternehmens entsteht. Die Konzentration des Qualitätsmanagements in Sitzungen und Workshops hänge damit zusammen, dass man so am effektivsten und effizientesten die Qualität in den einzelnen Unternehmen sichern und verbessern sowie den Qualitätsgedanken in den Köpfen der Mitarbeiter verankern könne. Aber stimmt diese Selbstbeschreibung?

In der Organisationsforschung ist darauf aufmerksam gemacht worden, dass viele Produkte nicht Ausdruck der Ansprüche und Anforderungen des Kunden sind, sondern vielmehr die internen organisatorischen Notwendigkeiten des produzierenden Unternehmens widerspiegeln (siehe z.B. Legge 2002: 80ff.). Das ist auch zu einem gewissen Grade funktional. Eine Produktion, die sich ausschließlich an den Ansprüchen und Anforderungen des Kunden orientieren würde, wäre unerschwinglich, weil sich die Anbieter auf jeden Auftrag und jeden Kunden grundlegend neu einstellen müssten. Statt einer solchen kundenorientierten Fertigung lässt sich bei vielen Produkten beobachten, dass sie nicht aufgrund des Kundenwunsches so sind, wie sie sind, sondern weil der Aufbau eines kostengünstigen und effektiven Produktionsverfahrens im anbietenden Unternehmen spezifische Materialien und Fertigungsweisen verlangt.

Die Gründe dafür, dass Qualitätszirkel, kontinuierliche Verbesserungsprozesse und Kaizen vorrangig in der Form von Workshops in Unternehmen, Verwaltungen oder Krankenhäusern verankert wurden, hängen also stark mit den internen Bedürfnissen von Beratungsfirmen und Qualitätsabteilungen und weniger mit den Anforderungen der externen und internen Kunden zusammen. Für Beratungsfirmen und Qualitätsabteilungen ist nicht nur wichtig, dass der interne oder externe Kunde mit den Beratungsleistungen zufrieden ist, sondern auch, dass die Beratungsleistungen ohne zu großen internen Aufwand an den Kunden weitergegeben werden können. KVP und Qualitätszirkel in einstündigen Meetings und Kaizen in Form von Workshops kamen deshalb den Beratungsfirmen stark entgegen.

Die japanische Qualitätsphilosophie wurde durch Beratungsfirmen und Qualitätsmanagementanbieter in »gebrauchsfertige Werkzeugkästen« überführt. Diese Werkzeugkästen setzen sich aus universal zu benutzenden Foliensätzen, einfach anzuwendenden Analyseinstrumenten, simplen Fragetechniken, standardisierten Workshop-Konzepten und auf die Minute getimten Standards für die Durchführung von Qualitätszirkelsitzungen zusammen. Die gebrauchsfertigen Werkzeugkästen – so schon die Erkenntnis der Untersuchungen über Qualitätszirkel (Midler 1986) – waren vor allem dem Interesse der Beratungsfirmen an einem schnellen Wachstum geschuldet.

Die Vorteile dieser gebrauchsfertigen Werkzeugkästen sollen anhand der stark standardisierten Workshop-Konzepte bei Qualitätszirkeln, KVP und Kaizen illustriert werden. Unabhängig davon, ob die Qualitätskampagnen unter diesen generischen Namen oder unter den markenrechtlich geschützten Bezeichnungen wie Genesis, cedac, V.I.T. oder KVP2 durchgeführt wurden, ließen sich in den untersuchten Unternehmen Strukturen des Qualitätsmanagements erkennen, die stark auf die Bedürfnisse der Beratungsfirmen zugeschnitten waren. Dafür scheint es verschiedene Gründe zu geben.

Erstens war es durch die standardisierten Workshop-Konzepte möglich, die japanische Qualitätsphilosophie in Europa und Amerika zu verankern. Die einschlägigen Bücher japanischer Autoren über Qualitätsmanagement zeichnen sich – vorsichtig ausgedrückt – nicht gerade durch Präzision und Konkretisierung aus. Sieht man sich beispielsweise das einschlägige Buch von Masaaki Imai über Kaizen an, dann ist auf den ersten Blick schwer nachvollziehbar, wie die Kaizen-Methode auf der Grundlage dieses Buches von Unternehmen übernommen werden konnte. Sie wird dort abstrakt als »Wandel zum Besseren« vorgestellt, der durch fortlaufende Verbesserung gesetzter Standards, strikte Mitarbeiterorientierung und Prozessausrichtung erreicht werden soll. Imai schwankt in dem Buch hin und her, ob er Kaizen als Prozess, als Einstellung, als Methode oder als Denkstil bezeichnen soll – oder vielleicht als alles zugleich. Das Buch besteht zu erheblichen Teilen aus mit eindrucksvollen Beispielen unterlegten Appellen, dass Qualität und der Wandel zum Besseren wichtig seien und dass permanente Verbesserungen eine zentrale Rolle in Unternehmen spielen sollen.

Beratungsfirmen in Europa und Amerika schienen nun vor der Herausforderung zu stehen, dass Kaizen als Erfolgsgeheimnis gepredigt und von den Unternehmen nachgefragt wurde, dass aber wenig konkretisiert war, wie Kaizen genau durchzuführen sei. Wenn man Kaizen als eine Einstellung der Mitarbeiter zu Qualität, Produktivität und permanenter Veränderung präsentiert, hat man das Problem, dass eine solche Qualitäts- und Produktivitätsphilosophie nur sehr schwer in Unternehmen verankert werden kann. Versuche, über Appelle an die Mitarbeiter, Hochglanzbroschüren und Motivationsveranstaltungen eine »neue Qualitätsdenke« durchzusetzen, sind relativ stumpfe Schwerter im Kampf gegen Qualitätsprobleme, Kundenunzufriedenheit und Produktionsausfälle. In dieser Situation griffen die Berater auf die Organisationsform des Workshops zurück.

Zweitens erlaubten die standardisierten Workshops den Einsatz von jungen, relativ unerfahrenen Beratern. Gerade zu Beginn des Booms von Qualitätszirkeln, KVP und Kaizen standen wenige erfahrene Experten zur Verfügung. Junge Berater mussten rekrutiert und möglichst schnell gewinnbringend eingesetzt werden. Dies war durch die Workshops relativ einfach. Die Beratungsneulinge mussten lediglich die Qualitätsideologie und die standardisierten Workshop-Abläufe lernen, um dann beim Kunden für einen vierstelligen Tagessatz abgerechnet werden zu können. In einem der untersuchten Unternehmen ließen sich beispielsweise junge Hochschulabsolventen direkt als Kaizen-Berater einsetzen, weil der hohe Standardisierungsgrad der Workshops eine einfache Reproduktion der Analyseinstrumente, Interventionsformen und Problemlösungsmechanismen ermöglichte.

Drittens konnten die Beratungsfirmen mit der Durchführung von Kaizen, Qualitätszirkeln und KVP in Workshops ihre Eingriffe weitgehend standardisieren und dadurch ihren internen Aufwand reduzieren. Im Idealfall mussten die Präsentations- und Auswertungsfolien so gut wie gar nicht geändert werden. Es reichte häufig aus, den Namenszug des Kunden auf den Folien auszutauschen. Inzwischen arbeiten einige KVP-Beratungsfirmen mit standardisierten Postern, die ganz unabhängig von der Spezifik des Problems in einem Unternehmen eingesetzt werden können.

Viertens schließlich ermöglichten stark standardisierte Workshops den Kaizen-Beratern, für eine begrenzte Zeit in die Firmen zu kommen und dabei in relativ kurzer Zeit sichtbare Veränderungen zu produzieren. Mit Fotos von »vor und nach dem Workshop« konnten die sichtbaren Veränderungen demonstriert werden. Dem Auftraggeber konnte vermittelt werden, dass sich die Investitionen in die Beratungsleistungen innerhalb kurzer Zeit amortisierten. In dem französischen Unternehmen wurden beispielsweise regelmäßig Fotos von umorganisierten Werkstätten und Lägern gemacht, um so zu demonstrieren, dass der Einsatz der Berater sein Geld wert sei.

Stärken und Schwächen eines workshopbasierten Qualitätskonzeptes

Auch wenn die verschiedenen japanischen Qualitätsphilosophien vorwiegend deswegen in der Form des Workshops nach Europa und Amerika getragen wurden, um den spezifischen Bedürfnissen der Beratungsfirmen entgegenzukommen, darf doch nicht übersehen werden, dass sie auch für die beratenen Unternehmen, Verwaltungen, Krankenhäuser und Armeen einige Vorteile mit sich zu bringen scheinen.

Durch die Erprobung der einstündigen Qualitätszirkel, kontinuierlichen Verbesserungsprozesse und Kaizen-Workshops in verschiedenen Organisationen stand ein relativ ausgefeiltes, immer wieder überarbeitetes Konzept zur Verfügung. Das führte dazu, dass der Kunde der Beratungsfirma eine relativ hohe Sicherheit über den Charakter des Qualitätsprozesses hatte. Man konnte zu Beginn eines Projektes schon relativ klar absehen, was im Einzelnen passieren würde.

Ferner führte die häufige Anwendung des gleichen Workshop-Konzeptes dazu, dass ein gewisser Druck auf die Organisationen entstand. Man konnte darauf verweisen, dass die Firma XY oder die Verwaltung YZ im Nachbarort mit genau diesem Workshop-Konzept eine Produktivitätssteigerung von 30 Prozent und eine Reduzierung der Durchlaufzeiten von 50 Prozent erreicht hatte. Dies befriedigte zum einen das Bedürfnis des Managements nach der Gewissheit, dass die Investition in Qualitätszirkel, Kaizen oder KVP sich lohnen würde, und übte zum anderen einen entsprechenden Druck auf die Belegschaft aus, die Qualitätsmaßnahmen ernst zu nehmen.

Weiterhin konnten die Kosten für die Qualitätsmaßnahmen reduziert werden. Die Organisationen bezahlten nur für die Durchführung der Workshops, nicht für die Entwicklung der Konzepte. Eines der untersuchten Unternehmen weigerte sich beispielsweise, die Kosten der Beratungsfirmen für die Entwicklung der Workshops zu übernehmen, mit der Begründung, dass es sich um standardisierte Leistungen handeln würde.

Teilweise entstehen durch die Konzentration auf den Workshop-Charakter des Kaizen-Prozesses jedoch auch Probleme. Nicht selten gehen die Workshops aufgrund ihres hohen Standardisierungsgrades an den spezifischen Gegebenheiten der Organisationen vorbei. In dem Gebäudemanagementunternehmen setzte eine Beratungsfirma Kaizen-Prinzipien ein, die vorrangig für den Montagebereich entwickelt worden waren. Wegen des geringen Standardisierungsgrades von Instandhaltungsarbeiten waren diese von der Beratungsfirma präsentierten, ursprünglich für den Montagebereich entwickelten Prinzipien jedoch für das Unternehmen weitgehend unwirksam. In einem anderen Unternehmen wurden die Kaizen-Arbeitszettel aus Vorläuferprojekten nur so grob angepasst, dass selbst die internen Kaizen-Beauftragten nicht genau wussten, was die einzelnen Abkürzungen zu bedeuten hatten.

Ein weiteres Problem ist, dass die Konzentration auf die Form des Workshops dazu führte, dass Kaizen von den Mitarbeitern zunächst einmal als ein überraschender Eingriff von außen wahrgenommen wurde. In der Wahrnehmung mancher Mitarbeiter »schwebte« ein Team von externen und internen Beratern, teilweise unterstützt durch einen japanischen Experten, in den eigenen Arbeitsbereich ein und erklärte den Experten vor Ort, nach welchen Prinzipien sie ihre

Arbeit neu zu organisieren hätten. Dass dies zu teilweise erheblichen Widerständen führt, ist verständlich.

Schließlich entstehen durch die Konzentration auf die Workshops teils erhebliche Probleme mit der Nachhaltigkeit des Kaizen-Prozesses. Die während des Workshops unmittelbar umgesetzten Verbesserungsmaßnahmen werden beibehalten, teilweise auch wieder zurückgenommen, langfristig geplante Verbesserungsmaßnahmen versanden jedoch in den Mühlen des Alltagsgeschäftes.

Diese Probleme ließen sich begrenzt durch eine andere (bessere) Organisation des Qualitätsmanagements in den Griff bekommen. Sie ändern aber nichts an der Situation, dass der Charakter, den Beratungsleistungen im Qualitätsmanagement heute haben, eher durch die internen Erfordernisse der Beratungsunternehmen als durch die Nachfragen der Kunden geprägt ist.

4.5. Der Zwang zu zählbaren Leistungen: Die Schweigespirale des Qualitätsmanagements

Angesichts der Vielfalt der Qualitätsmaßnahmen, die in Organisationen diskutiert werden, werden immer wieder kritische Stimmen laut, die vor einem Aufbau von »Qualitätsfassaden« warnen. Organisationen, die in inflationärer Weise immer neue Losungen der Reorganisation ausgäben, würden sich ein »Potemkin'sches Qualitätsdorf« einhandeln und durch die dann entstehende »doppelte Wirklichkeit« in Schwierigkeiten geraten.

Die Potemkin'schen Fassaden des Qualitätsmanagements werden häufig als Ergebnis des übertriebenen Eifers der Organisationsführung, der widersprüchlichen oder unrealistischen Ziele des Managements oder der Abwehrstrategien der Mitarbeiter angesehen. Je nach Orientierung des Beobachters werden dann entweder intensivere und effektivere Kontrollen der Qualitätsmaßnahmen durch das Management oder eine stärkere Mitarbeiterorientierung als Ansatzpunkt zum Niederreißen der Fassaden betrachtet.

Die Kritik an den »Potemkin'schen Qualitätsdörfern« darf sich nicht darauf beschränken, die Diskrepanz zwischen dem Qualitätsanspruch in der Organisation und der trüben Betriebsrealität zu konstatieren. Vielmehr ist es notwendig, die Strategien der einzelnen Akteure zu rekonstruieren, die zur Ausbildung der Qualitätsfassaden auf der Schauseite der Organisationen führen, und die Funktionalität solcher Fassaden für die Gesamtorganisation zu untersuchen.

Der Hang zur Quantifizierung der Erfolge im Qualitätsmanagement

»Nur was messbar ist, ist überhaupt sichtbar. Nur Messbares kann kontrolliert und überprüft und damit auch verbessert werden.« Unter diesem Motto scheint das Qualitätsmanagement bei dem Mittelständler Veletto zu stehen. Bei allen Qualitätsinstrumenten wird viel Wert darauf gelegt, dass sich deren Ergebnisse quantifizieren lassen und dass das Engagement der Mitarbeiter messbar ist. Im Rahmen des betrieblichen Vorschlagswesens von Veletto muss jeder Mitarbeiter pro Jahr eine bestimmte Anzahl von Verbesserungsvorschlägen erbringen. Jeder einzelne Verbesserungsvorschlag wird prämiert. Bei den Qualitätszirkeln ist jeder der ausgebildeten internen Moderatoren dazu verpflichtet, eine bestimmte Anzahl von Workshops durchzuführen. Für die Kaizen-Maßnahmen werden die Effekte jedes einzelnen Workshops ausgerechnet und bestimmt, ob in der betreffenden Woche die Kosten für den Kaizen-Workshop durch Einsparungen wieder hereingeholt wurden. Bei der Japan-Diät werden die Fortschritte anhand der zwanzig Schlüssel quantifiziert und veröffentlicht.

Das Einkommen der Arbeiter, Meister und Angestellten wird bei Veletto an die Leistungen im Qualitätsmanagement gekoppelt. Die Mitarbeiter können sich über das betriebliche Vorschlagswesen zusätzlich zu ihrem Gehalt Prämien sichern. Die Moderatoren im KVP werden in den Zielvereinbarungsgesprächen, in denen es auch um die Erhöhung von Gehältern geht, danach beurteilt, wie viele Workshops sie durchgeführt haben. Für die Führungskräfte ist besonders die Japan-Diät relevant, weil über ihre quantifizierten Leistungen in dieser Qualitätskampagne bestimmt wird, ob sie eine Prämie von bis zu 20 Prozent bekommen oder aber bis zu 10 Prozent ihres Gehalts abgeben müssen.

Durch die Kombination von Maßnahmen des Qualitätsmanagements wie »Quantifizierung des Verbesserungswesens« und »Prämierung von Beteiligung« entstehen ungewollte Nebenfolgen. So machen Mitarbeiter bewusst viele, teilweise auch sinnlose Vorschläge, um zusätzliche Prämierungen zu erhalten: »Durch die generelle Prämierung«, so ein Abteilungsleiter, »kommt ziemlich viel Mist zustande.« Teilweise sei zu erkennen gewesen, dass einzelne Mitarbeiter Verbesserungsvorschläge dann einbrachten, wenn sie Geld für größere private Anschaffungen brauchten: »Ich habe einen dabei«, so der Abteilungsleiter, »der hat im Januar 22 bis 23 Vorschläge gemacht, und da waren Verbesserungsvorschläge dabei, [...]. Manche machen das gezielt, nur um zu kassieren.«

Das Qualitätsmanagement geht jetzt davon aus, dass die Unternehmensleitung diesen allseits bekannten »Tricksereien« ein Ende bereiten würde. Diese Annahme geht von einer Überlegung aus, die besagt: Je höher ein Mitarbeiter in der Hierarchie angesiedelt ist, desto größer ist seine Identifikation mit dem Zweck der Organisation »Qualitätsprodukte zu günstigen Preisen«. Dabei wird jedoch übersehen, dass es sehr wohl auch für hochgestellte Manager rational sein kann, die Fassade eines effektiven Qualitätsmanagements entstehen zu lassen.

Der Fassadencharakter des Qualitätsmanagements wird bei unserem Mittelständler nicht offen thematisiert, weil keiner der Beteiligten daran interessiert zu sein scheint, das »Hochloben« des eigenen Qualitäts- und Verbesserungswesens zu problematisieren: Die Arbeiter in Fertigung und Montage erhalten für ihre Verbesserungsvorschläge Prämien. Die Vorgesetzten haben in den Zielvereinbarungen für ihre Abteilungen eine Soll-Zahl von Verbesserungsmaßnahmen, Qualitätszirkeln und Kaizen-Workshops festgeschrieben und müssen bei Nichterreichung mit Gehaltsabzug und Reputationsverlust in der Firma rechnen. Der für die Überprüfung des Qualitätsmanagements zuständige Qualitätsmanager hat sich in seiner Zielvereinbarung ebenfalls auf eine bestimmte Anzahl von betriebsweiten Vorschlägen festlegen lassen und drückt deshalb sehr häufig »beide Augen zu«. Der Geschäftsführer von Veletto schließlich ist sich bewusst, dass die von ihm angestrebte Prämierung des Unternehmens als »Fabrik des Jahres« von der Anzahl der Verbesserungsvorschläge abhängt, und hat deshalb auch kein Interesse daran, die von den Mitarbeitern unter der Hand konstatierte Ineffizienz des Verbesserungswesens aufzudecken.

Das Mythenbündnis aus Qualitätsmanagern, Beratern und Teamleitern

Der Vorstand der französischen Gebäudemanagementfirma Sommet stand unter erheblichem Druck, das bei einer Kundenbefragung monierte Qualitätsdefizit in der Leistungserbringung in den Griff zu bekommen. Durch eine breit angelegte Kaizen-Kampagne in allen französischen Teams wollte der Vorstand des Geschäftsbereichs den Vorgesetzten in der Holding signalisieren, dass er das Qualitätsproblem in Angriff nehmen werde. Zu diesem Zweck wurde eine Task-Force aus bewährten Stabsmitarbeitern eingerichtet, die die Qualitätskampagne in den verschiedenen Teams durchführen sollte. Von der Task-Force wurde eine regelmäßige Berichterstattung gegenüber dem Vorstand verlangt. Zur Unterstützung dieser internen Mitarbeiter wurden mehrere im Bereich des Kaizen ausgewiesene Beratungsfirmen engagiert in der Hoffnung, dadurch einen Wettbewerb unter diesen Firmen zu stimulieren, der sie zu größerem Engagement anspornen sollte.

Nach außen wurde die Kaizen-Kampagne stets als ein – auch quantifizierbarer – Erfolg dargestellt. Bei Terminen der Task-Force mit dem Vorstand wurden lange Listen mit Verbesserungen präsentiert und Berechnungen vorgelegt, wonach die Einsparungen die Kosten der Kaizen-Kampagne überträfen. Dieser Erfolgsdruck führte dazu, dass am Ende jedes einzelnen Workshops, so ein Meister, eine »Erfolgsshow« durchgeführt wurde. Da quantifizierbare Ergebnisse präsentiert werden mussten, wurde am letzten Tag des Workshops gemeinsam eine Evaluation der eingesparten Arbeitswege, freigeräumten Lagerräume und erreichten Materialeinsparungen durchgeführt.

Die festgehaltenen Zahlen waren jedoch nur lose mit den Ergebnissen des Workshops gekoppelt: Teilweise wurden Einsparungen in Bereichen quantifiziert, in denen eine solche Quantifizierung aufgrund der Komplexität der Materie gar nicht vorgenommen werden konnte. Man holte in diesem Fall einfach eine Einschätzung der Teamleiter ein. Weiterhin wurden auch solche Erfolge dem Workshop zugerechnet, die schon vorher vom Team selbst realisiert worden waren. In einzelnen Fällen wurden regelrechte Pseudo-Erfolge präsentiert. So wurde in einem Workshop eine direkte Parkmöglichkeit an einem Großobjekt erarbeitet, um Entladezeiten für die Handwerker zu verkürzen. Obwohl allen Teilnehmern bewusst war, dass damit lediglich eine Lösung für die Zeit des Workshops geschaffen war (danach gab es wieder lange Wege an diesem Objekt), wurde – begleitet vom Schmunzeln der beteiligten Handwerker – für die Erfolgsrechnung am Ende des Workshops die Einsparung für ein ganzes Jahr errechnet.

Wie kam es zu der übertrieben positiven Darstellung der Workshop-Ergebnisse? Es gab keine Absprache zwischen den Beteiligten, Zahlen bewusst zu schönen. Vielmehr waren die Erfolgspräsentationen in den Workshops das Resultat eines aufgrund des Drucks entstandenen stillschweigenden »Mythen- und Fiktionenbündnisses« der beteiligten Akteursgruppen. Die internen Berater standen unter dem Druck, die Effizienz der Maßnahme nachzuweisen, um in einer schwierigen Situation ihren eigenen Nutzen unter Beweis stellen zu können und eventuell weitere Personalzuweisungen zu ihrer Task-Force zu erreichen. Die externen Berater standen unter dem Druck, in ihren Kaizen-Workshops quantifizierbare Erfolge errechnen zu können, um sich im Wettbewerb gegen die anderen Beratungsfirmen zu profilieren. In einer Beratungsfirma war es sogar üblich, dass die Mitarbeiter abhängig von den in den Workshops erzielten Einsparungen honoriert wurden. Für die Team- und Bereichsleiter der beratenen Firmen boten die Kaizen-Workshops eine Möglichkeit, sich als Vorzeigeteam oder Vorzeigeniederlassung zu präsentieren. Dies wurde insbesondere dadurch begünstigt, dass der Vorstand einen verstärkten internen Wettbewerb zwischen den Teams und Bereichen ausgerufen hatte und dieser Wettbewerb mit Ranglisten, Preisen und Belobigungen für Team- und Bereichsleiter gefördert wurde.

Vom Schweigezirkel zur Schweigespirale: Die Steigerung der Mythenbündnisse

Die sich ausbildenden Mythen- und Fiktionenbündnisse rund um das Qualitätsmanagement sind keine organisierten Verschwörungen von Mitarbeitern aller Hierarchieebenen zur Täuschung des an Qualität interessierten Kunden. Sie entstehen vielmehr stillschweigend aufgrund des Drucks, ein umfassendes Qualitätsmanagement einrichten zu müssen. Sie existieren eher unbewusst als eine Art Schweigezirkel. Von der Qualitätsideologie abweichende Interessen und paradox erscheinende Nebenfolgen des Qualitätsmanagements können in solchen Schweigezirkeln nur begrenzt thematisiert werden, weil Abweichungen von den vermeintlichen Fundamentalprinzipien »Profitabilität«, »Qualität« und »Kundenbefriedigung« zwar häufig vorkommen, aber von den Akteuren nicht offen eingestanden werden können.

Die Nichtthematisierung der Nebenfolgen kann – um die Sozialforscherin Elisabeth Noelle-Neumann zu paraphrasieren – in eine »Schweigespirale des Qualitätsmanagements« führen: Weil die Nebeneffekte des Qualitätsmanagements nicht offen angesprochen werden, erhöht das Management jedes Jahr die Planzahlen (Anzahl der

Verbesserungsvorschläge, Punkte auf den Skalen der Japan-Diät, Anzahl von KVP-Workshops etc.). Die Mitarbeiter reagieren darauf mit einer Erweiterung des »Potemkin'schen« Qualitätsmanagements, was wiederum zu einer weiteren Steigerung der Anforderungen führt.

4.6. Qualitätsmanagement ist die Antwort – doch was war eigentlich die Frage?

Sieht man sich die aktuelle Literatur zum Qualitätsmanagement an, dann erkennt man ausgeprägte Zweck-Mittel-Konstruktionen. Qualitätsmanagement wird als das zentrale Mittel zur Erfüllung der beiden vermeintlichen Metazwecke der Organisation – »Existenzsicherung« und (häufig aus gewerkschaftlicher Perspektive ergänzt) »Mitarbeiterbefriedigung« – betrachtet. Das Mittel »Qualitätsmanagement« wird dann im nächsten Schritt als »Unterzweck« definiert, zu dessen Verwirklichung eine Vielzahl von Mitteln wie beispielsweise Qualitätszirkel, Kaizen oder betriebliches Vorschlagswesen eingesetzt werden. Diese werden wiederum als Zwecke gesetzt, zu deren Erreichung Mittel wie die Verwendung von Standardinstrumenten, der Einsatz von Beratern und die Freistellung von Personalressourcen herangezogen werden.

Der amerikanische Managementvordenker Josef M. Juran (1991: 168ff.) beispielsweise entwickelt in seinem Qualitätsplanungskonzept eine hierarchische Struktur von Qualitätszwecken bzw. Qualitätszielen. Aus Oberzwecken bzw. Oberzielen werden sekundäre Zwecke und Ziele abgeleitet, die wiederum als Fixpunkte für tertiäre Zwecke und Ziele dienen. So entstehen pyramidenartige Zweck- und Unterzweckstrukturen, die suggerieren, dass man die Oberzwecke erreichen kann, wenn man die Arbeit strikt an den Zweck-Mittel-Ordnungen orientiert.

Die Organisationsforschung der letzten fünfzig Jahre hat diese Vorstellung von eindeutigen Zweck-Mittel-Anordnungen gründlich zerstört. Es wird nicht bezweifelt, dass es in Organisationen Zwecke und Mittel gibt und dass Akteure an ausgefeilten Zweck-Mittel-Verkettungen interessiert sind. Bestritten wird jedoch die Annahme, dass eindeutige Zweck-Mittel-Ketten es auch nur annähernd ermöglichen, die Abläufe in Organisationen zu verstehen. Stattdessen wird ein wesentlich komplexeres Verhältnis von Zwecken und Mitteln angenommen. Das lässt sich in der organisatorischen Realität gerade auch beim Einsatz von Qualitätsmanagementmethoden beobachten.

Erstens ist »Qualitätsmanagement« kein Metazweck, an dem sich organisatorisches Handeln orientieren würde. In unserem Beispiel des Gebäudemanagementunternehmens gibt es die konkurrierenden Metazwecke »Kundenbefriedigung« und »Holdingbefriedigung«. Weil diese nicht immer in Einklang zu bringen sind, bilden sich informale Strukturen aus, die die Widersprüchlichkeit der Umweltanforderungen bearbeitbar halten. Das Qualitätsmanagement, das auch an den informellen Prozessen ansetzt, birgt nun für die Organisation die Gefahr, dass widersprüchliche Anforderungen nicht mehr wie bisher informal bearbeitet werden können.

Zweitens führt der Einsatz von Mitteln nicht nur zur Erfüllung der angestrebten Zwecke, sondern es entsteht auch eine Vielzahl von ungewollten Nebenfolgen und paradoxen Effekten. Die Blockadewirkung beim Einsatz mehrerer Qualitätsinstrumente, der Rückstoßeffekt bei der Kopplung von Qualitätsmanagement an den Japan-Mythos oder die Einengung der Perspektive durch die Kanalisierung der Qualitätsmanagementbemühungen sind Beispiele für solche ungewollten Nebenfolgen und paradoxen Effekte.

Drittens ist umgekehrt für die Erfüllung eines Zwecks nicht nur das eingesetzte Mittel verantwortlich, zur Erreichung eines angestrebten Ziels tragen auch andere, nicht eingeplante Ursachen bei. Nicht selten wird eine Steigerung des Umsatzes, der Kundenzufriedenheit oder der Qualitätskennziffern von interessierten Akteuren monokausal auf eine vorher gestartete Qualitätsmanagementinitiative zurückgeführt, obwohl eine Vielzahl von häufig nicht beeinflussbaren Faktoren für diese Veränderungen verantwortlich ist. Bei der Produktion des »Kaizen-Erfolgs« in den Workshops des französischen Unternehmens wurden immer wieder bestimmte Effekte ursächlich auf den Einsatz der Kaizen-Methode zurückgeführt, obwohl häufig ganz andere Gründe für die positiven Veränderungen verantwortlich waren.

Viertens lässt sich beobachten, dass Zwecke teilweise so stark generalisiert werden, dass sie »nur noch« einen abstrakten Wert in der Organisation darstellen. Stark vereinfacht ausgedrückt kann man zu Beginn der Qualitätsmanagementdiskussion einen engen Nexus zwischen dem vermeintlichen Oberzweck »Gewinnsteigerung« und der »Qualität« beobachten. Eine Qualitätssteigerung, die nicht auch zu einer Gewinnsteigerung führte, würde als irrational abgelehnt. In der aktuellen Diskussion ist der Zweck »Qualität« dagegen so weit generalisiert worden, dass der Nutzen dieses Mittels für den Oberzweck »Gewinnsteigerung« teilweise gar nicht mehr ersichtlich ist. »Qualitätsmanagement« wird propagiert, weil Qualität ein Wert an sich ist. Bei dem untersuchten Mittelständler wurde von einigen Mitarbeitern der Verdacht geäußert, dass Qualität inzwischen zu einem Selbstzweck geworden sei und sich vom Ziel der Profitmaximierung gelöst habe.

Im Zusammenhang mit diesem Punkt steht fünftens die Beobachtung, dass die Zwecke sich mit den Mitteln ändern. Zwecke erfordern und ermöglichen den Einsatz bestimmter Mittel – das ist die klassische Annahme. Aber die Existenz von Mitteln ermöglicht in einem rekursiven Prozess auch die Ausbildung neuer Zwecke. Am Beispiel des Computers ist immer wieder gezeigt worden, dass dieser nicht nur als Mittel zur Erreichung bestimmter Zwecke eingesetzt wird, sondern dass seine Existenz auch zur Ausbildung ganz neuer Zwecke führt. Ist das Mittel erst einmal in der Welt, dann fragt man sich, was man sonst noch alles damit anfangen könnte. Im Fall des Mittelständlers war zu beobachten, dass sich das Mittel Qualitätsmanagement immer mehr vom ursprünglichen Zweck der Gewinnsteigerung löste und ein zunehmendes Interesse daran entstand, über ein ausgefeiltes

Qualitätsmanagement Preise für »Business Excellence« zu gewinnen. Der Zweckwechsel ging so weit, dass kritische Stimmen darauf verwiesen, dass man doch das Motiv der Profitmaximierung nicht aus den Augen verlieren dürfe.

Die Dekonstruktion des zweckrationalen Organisationsverständnisses war lange Zeit ausschließlich ein Interesse der organisationstheoretisch interessierten Wissenschaft. Durch die Fremdbeschreibung von Organisationen wurde es möglich, andere Aspekte, Entwicklungslinien und Gesetzmäßigkeiten in den Blick zu bekommen als jene, die die Organisationen in ihren Selbstbeschreibungen darstellten. Diese Differenz zwischen wissenschaftlicher Fremdbeschreibung und praxisorientierter Selbstbeschreibung sollte nicht als Plädoyer für ein »Richtig« oder »Falsch« verstanden werden. Es gibt sicherlich gute Gründe für Organisationen, in ihren Selbstbeschreibungen ein zweckrationales Modell zu verkünden. Ich denke jedoch, dass auch die praxisorientierte Qualitätsmanagementdiskussion durch die stärkere Beobachtung von paradoxen Effekten und ungewollten Nebenfolgen und deren Einordnung in ein komplexeres Organisationsmodell wichtige Impulse erhalten könnte.

5.
Zentralisierung durch Dezentralisierung

»Niemand weiß mehr, wer das Unternehmen wirklich führt (nicht einmal die Leute, denen nachgesagt wird, dass sie es führen), aber das Unternehmen läuft.«
Joseph Heller

Hierarchie hat in Unternehmen, Verwaltungen und Verbänden einen unangenehmen Beigeschmack bekommen. Glaubt man wissenschaftlichen Studien, dann gehören Beschwerden über die ungewollten Nebenfolgen in Gestalt von mangelhaften Informationsflüssen in vielen Organisationen zum Alltag. Offensichtlich beschwert sich sowohl das Personal an der Spitze als auch das an der Basis darüber, dass in der Organisation eine Informations-Osmose entsteht, bei der hierarchische Stellen wie halbdurchlässige Membranen Informationen nur langsam und nur in eine Richtung – von oben nach unten – diffundieren lassen. Das Topmanagement beklagt, dass es aufgrund dieser Informations-Osmose wichtige Entscheidungen aufgrund von ungesicherten Informationslagen treffen muss, weil die Informationen der Basis nur widerstrebend oder verzerrt nach oben weitergegeben werden. Die Basis beschwert sich, dass man bei Entscheidungen, für die man die entsprechende Fachkompetenz hat, von der Unternehmensspitze nicht hinzugezogen wird.

Schon in der Auseinandersetzung mit der Bürokratiekonzeption Max Webers sind die Ursachen für diese Informations-Osmose in Hierarchien herausgearbeitet worden. Entgegen den klassischen Prämissen der Hierarchietheorie wurde gezeigt, dass sowohl Fachwissen als auch Außenkontakte nur selten an der Spitze einer Hierarchie monopolisiert werden können. Aufgrund des wachsenden Bedarfs an spezialisiertem Fachwissen haben die Untergebenen häufig einen besseren Sachverstand als ihre Vorgesetzten. Weiter verfügen auch hierarchisch niedrig angesiedelte Stellen über einen eigenen Außenverkehr, durch den für die Organisation relevante Informationen gewonnen werden. Im Ergebnis führt dies dazu, dass den Vorgesetzten sowohl die detaillierten Fach- und Umweltkenntnisse als auch die »guten Beziehungen« der Untergebenen zu spezifischen Umweltgruppen nicht per se zur Verfügung stehen. Weil nicht alles Fachwissen und jeder Umweltkontakt an der Spitze abgebildet werden kann, kann man auch nicht erwarten, dass die in der Unternehmenshierarchie oben angesiedelten Stellen auf jede Veränderung in der Unternehmensumwelt reagieren (siehe dazu ausführlich Luhmann 1971: 97ff.).

Wenn Entscheidungskompetenzen zentralisiert an der Unternehmensspitze angesiedelt sind, müssen die für die Entscheidung relevanten Informationen mühsam von unten nach oben gezogen werden. Aber bereits Netzwerkstudien aus den 1950er Jahren haben gezeigt, dass Hierarchien nur sehr selten in der Lage sind, Informationen gegen den Befehls- und Sanktionsstrom nach oben zu ziehen. Jeder, der versucht, seine Vorgesetzte über eine problematische Lage zu informieren, setzt sich der Gefahr aus, selbst als Verursacher des Problems angesehen zu werden. Der Überbringer der schlechten Nachricht droht als Schuldiger gebrandmarkt zu werden, weswegen problematische Informationen häufig gar nicht oder nur »frisiert« nach oben gegeben werden.

Statt zu versuchen, den Informationsfluss von unten nach oben zu perfektionieren, setzen Organisationen immer stärker auf eine Abflachung von Hierarchien einerseits und auf eine Dezentralisierung von Entscheidungskompetenzen andererseits. Dabei besteht kein logisch zwingender Zusammenhang zwischen der Abflachung von Hierarchien und der Dezentralisierung, aber in den meisten Studien zu neuen Unternehmensformen wird von einem Zusammenfallen dieser beiden Reorganisationsstrategien berichtet.[10]

Bisher sind in der Forschung zwei Strategien des Hierarchieabbaus und der Dezentralisierung von Entscheidungskompetenzen in die wertschöpfenden Organisationsbereiche herausgestellt worden. Die erste Strategie besteht darin, parallel zu einer Dezentralisierung von Verantwortung ganze Hierarchieebenen aus der Organisation herauszuschneiden, um so die Informationswege zwischen oben und unten zu verkürzen. Dies wurde insbesondere am Beispiel von Großunternehmen wie GE, Siemens oder ABB ausführlich untersucht. Es wurde herausgearbeitet, dass dadurch zwar die Führungsspanne für die Vorgesetzten anwächst, dass aber das Problem einer zu großen Kontaktbreite durch eine Dezentralisierung von Aufgaben nach unten aufgefangen werden kann.

Eine zweite Strategie des Hierarchieabbaus sieht so aus, dass auf den jeweiligen Hierarchieebenen keine Vorgesetzten mehr eingesetzt, sondern Teams und Gruppen aus gleichberechtigten Mitgliedern gebildet werden. Dieses Organisationsprinzip ist anhand von Montage-, Fertigungs- und Vertriebsgruppen für die niedrigste Hierarchieebene von Organisationen ausführlich analysiert worden. Trotz vermehrter Forderungen nach Ausdehnung des Gruppenprinzips auf die Führungsebenen gibt es bisher kaum systematische Untersuchungen über die Umstellung von Ein-Personen-Führung auf Führungsgruppen im Bereich des operativen Managements.

In diesem Kapitel analysiere ich, wie sich die Einrichtung von Führungsteams auf die Organisation auswirkt. Meine Überlegungen basieren auf der Beobachtung eines Unternehmens – nennen wir es Kontongo –, das die Überlegungen zu Enthierarchisierung und Dezentralisierung insofern weiter radikalisiert, als es das Gruppenarbeitsmodell aus den Fertigungs- und Montagebereichen auf die erste Leitungsebene ausgedehnt hat, indem sogenannte Führungsgruppen eingerichtet wurden. Führungsgruppen sind Einheiten, die als formal gleichberechtigtes Team Führungsaufgaben gegenüber hierarchisch niedriger angesiedelten Einheiten wahrnehmen. In den Führungsgruppen gibt es keinen direkten Vorgesetzten, der qua formaler Weisungsmacht Konflikte entscheiden kann. Konflikte sollen, soweit es geht, im Team durch Verständigung und Verhandlung bzw. diskursive Koordinierung gelöst werden.

Im ersten Teil (Abschnitt 5.1.) werden die Beweggründe analysiert, die zu einer Ausdehnung des Gruppenprinzips von der wertschöpfenden Ebene auf die nächsthöheren Ebenen geführt haben. Im zweiten Teil (Abschnitt 5.2.) werden vier zentrale Organisationsprobleme herausgearbeitet, die durch die Einführung von Teamstrukturen entstehen. Aufbauend auf diesen Überlegungen wird im dritten Teil (Abschnitt 5.3.) analysiert, inwiefern das Ziel einer Dezentralisierung von Kompetenzen und Verantwortung durch die Einführung von Gruppen im wertschöpfenden Kern und auf der operativen Führungsebene erreicht werden kann. Im vierten Teil (Abschnitt 5.4.) und im abschließenden Fazit (Abschnitt 5.5.) stelle ich dar, dass die sehr weitgehende Form der Dezentralisierung durch die Einrichtung von Führungsteams faktisch zu einem genau gegenteiligen Prozess führt – zu einer Zentralisierung der Entscheidungsfindung.[11]

5.1. Das Managementkonzept des Führens im Team: Die Erweiterung der Gruppenarbeit auf die erste Führungsebene

Das Konzept der teilautonomen Gruppenarbeit ist in der Vergangenheit fast ausschließlich auf die niedrigste arbeitsorganisatorische Ebene, auf den unmittelbar wertschöpfenden Kern von Organisationen, bezogen worden. Sowohl bei den Experimenten mit Teams im Rahmen der Programme zur »Humanisierung der Arbeitswelt« der 1970er und 1980er Jahre als auch bei den operativen Dezentralisierungen während der Lean-Management-Welle der 1990er Jahre wurden Teamstrukturen ohne Vorgesetzte lediglich auf der Ebene der unmittelbaren Wertschöpfung eingerichtet, in den Montage- und Fertigungsbereichen von Unternehmen, in den Pflegebereichen der Krankenhäuser oder den Dienstleistungsgruppen in Verwaltungen also. Auf der ersten Führungsebene – der Meister-, Abteilungs-, Amts-, Prozesslinien- oder Segmentebene – wurde statt auf das Konzept der Führungsgruppe in der Regel weiter auf das Prinzip der Ein-Personen-Führung gesetzt.

Forderungen, sich nicht »am Leitbild der Ein-Personen-Führung« zu orientieren, sondern Selbststeuerung ohne direkt präsente Vorgesetzte zuzulassen, wurden von Führungskräften fast ausschließlich nur in kleineren Projektgruppen umgesetzt. Diese haben jedoch einen vollkommen anderen Charakter als die teilautonomen Arbeitsgruppen. Während es sich bei teilautonomen Gruppen um eindeutig definierte arbeitsorganisatorische Einheiten mit einer eigenen umfassenden Arbeitsaufgabe und einem festen Platz im Organigramm handelt, kommen Projektteams lediglich temporär zusammen. Die Mitglieder eines Projektteams haben neben ihrer Mitgliedschaft im Projekt in der Regel noch eine Anbindung an eine Abteilung, ein Segment oder eine Stabsstelle, wo sie in eine personenzentrierte Führungsstruktur eingebunden sind.

Planungs- und Beratungsgruppen als teamorientierte Führungsstruktur im operativen Management

In der Praktikerliteratur zur Gruppenarbeit findet sich jedoch die Feststellung, dass die Einführung von Projektteams und teilautonomer Gruppenarbeit auf der operativen Ebene eines Unternehmens nur der erste Schritt hin zu einer flexiblen, lernenden Organisation sein könne. Unter modisch klingenden Organisationsprinzipien wie der »zellulären Organisation«, dem »modularen System« oder der »agilen Unternehmung« wird gefordert, dass der organisatorische Aufbau des Unternehmens so weit wie möglich dem »Organisationsprinzip Gruppe« folgen und dadurch eine »organische Gruppenorganisation« gebildet werden solle. Dabei sollen die »grundlegenden Gruppen« – je nach Organisation entweder als Teams, teilautonome

Gruppen oder Stamm bezeichnet – als »Gruppen zweiter Ordnung« zusammengefasst werden. Im Anschluss an Rensis Likert (1972) wird gefordert, dass durch die übergeordneten Führungsgruppen vor allem Koordinations- und Kontrollaufgaben wahrgenommen werden und dass damit sämtliche Führungsaufgaben in der Hand von Gruppen und nicht mehr von Einzelpersonen liegen.

Die Vorstellung, dass Führungsaufgaben so weit wie möglich auf Gruppen und Arbeitsteams übertragen werden sollen, wird durch die Metapher der fraktalen Organisation unterstrichen. Ihr Konzept sieht vor, dass alle Einheiten eines Unternehmens, eines Verbandes oder einer Verwaltung durch umfassende Team- und Gruppenarbeit selbstähnlich und selbstorganisiert aufgebaut sind. Man geht davon aus, dass fraktale Unternehmen aufgrund der speziellen Struktur ihrer dezentralen Einheiten die wachsende Komplexität des Firmenalltags besser bewältigen können. Die Koordination zwischen den dezentralen Einheiten soll dadurch erleichtert werden, dass alle Einheiten nach den gleichen Prinzipien funktionieren und so ein gegenseitiges Verständnis über alle Ebenen und Bereiche einer Organisation hinweg hergestellt wird. Die Vorstandsvorsitzenden beispielsweise können die Probleme der Mitarbeiter in der Gruppenarbeit deswegen verstehen, weil sie selbst in Form einer Gruppe organisiert sind. In der Belegschaft soll Verständnis für die Sorgen der Geschäftsführer dadurch erzeugt werden, dass auch die Mitarbeiter wie Quasi-Unternehmer agieren und deswegen die Denkweise ihrer »Kollegen« an der Unternehmensspitze nachvollziehen können.

Gerade in Vorreiterunternehmen lässt sich ein Gärungsprozess in Richtung auf die Einführung von Führungsgruppen auf der Meister-, Abteilungs- und Segmentebene beobachten. Durch die Übertragung von Aufgaben wie Auftragssteuerung, Auftragsplanung, Arbeitsmittelplanung und Qualitätssicherung, Logistik, Instandhaltung und Koordination auf teilautonome Gruppen verändern sich die Aufgaben der ersten Führungsebene. Statt wie bisher als Fachspezialist, Terminjäger, Personaleinsatzplaner, Arbeitseinteiler und Problemlöser zu agieren, fordert man von der ersten Führungsebene nun Tätigkeiten wie Unterstützung der sich selbst steuernden Gruppen, Personalentwicklung, Förderung der Zusammenarbeit von Gruppen, Planung des Qualifizierungsprozesses und Unterstützung bei Neuanläufen.

Angesichts dieser Aufgabenverschiebung in der ersten Führungsebene wird von den Unternehmen – und besonders von deren Beratern – die Frage aufgeworfen, weshalb die Führungsaufgaben nicht auch von Gruppen anstatt von Einzelpersonen wahrgenommen werden. Besonders in dem dominierenden Strang der arbeitswissenschaftlichen Literatur über Gruppenarbeit findet sich die Forderung nach der Einführung von Planungs- und Beratungsteams auf der ersten Führungsebene, die gemeinsam und ohne formale Vorgesetzte die Aufgaben der strategischen Planung, Produktionsprogrammplanung, Materialdisposition, Qualitätsplanung und Arbeitsplanung übernehmen sollen.

Gründe für die Einführung von Teamstrukturen

Kontongo setzte diese Idee von Planungs- und Beratungsgruppen auf der ersten Führungsebene um und übernahm damit eine Vorreiterfunktion in der europäischen, US-amerikanischen und japanischen Automobilindustrie. Im Rahmen einer Segmentierung des Unternehmens in fünf Einheiten wurde anstelle der klassischen Ein-Personen-Führung die Führungskompetenz für je ein Segment einem Team übergeben. Die Einrichtung von Führungsteams bzw. Segment-Teams wurde von der Personal- und Organisationsentwicklung als »Fortführung der Teams in die nächste Hierarchieebene« verstanden. Die »alte Meisterfunktion« sollte in ein ganzheitliches Führungsteam integriert werden.

Die Segment-Teams bestehen aus Meistern aus der Produktion und Ingenieuren aus den Ingenieursabteilungen, Personen also, die bislang in verschiedenen Bereichen tätig waren. Die Teams bestehen aus vier bis sechs Mitarbeitern. Die Teammitglieder sollen die Aufgaben des Prozessengineerings, der Mitarbeiterbetreuung, der Materialwirtschaft und des Informationsmanagements sowie die Verantwortung für Budget und Qualität übernehmen. Das Segment-Team verfügt über Budgetverantwortlichkeit. Es kann in Höhe von mehreren Millionen Euro Ersatzteile, Schmierstoffe, Hilfsstoffe und Wartungsleistungen einkaufen. Jeder Mitarbeiter des Segment-Teams bekommt eine Hauptaufgabe zugewiesen, soll aber in Vertretung auch die Aufgaben der anderen Mitglieder übernehmen können.

Alle Mitglieder des Teams sind gleichgestellt. Sie haben gegenüber den unterstellten Gruppen die gleichen Weisungsbefugnisse. Es gibt wie in den Fertigungs- und Montagegruppen auch in den Führungsteams einen Sprecher, der als Ansprechpartner für die Werksleitung dient und die Koordination im Segment-Team übernehmen soll. Der Segmentsprecher hat gegenüber den anderen Mitgliedern des Führungsteams kein disziplinarisches Weisungsrecht. Der Unternehmensentwickler von Kontongo erklärt: »Den Segmentsprecher kann man mit dem Gruppensprecher in den Montage- und Fertigungsinseln vergleichen. Das heißt, die Aufgabe sollte wirklich die eines Sprechers sein, der als Mittler zwischen den einzelnen Stellen steht.«

Das Management erhoffte sich, dass mit der Etablierung von gleichberechtigten Führungsgruppen Synergieeffekte entstehen, der Erfahrungsaustausch unter den Mitarbeitern erhöht und die Flexibilität durch gegenseitige Hilfe und Vertretung gesteigert werden konnte. Gerade durch die Einbeziehung von Ingenieuren in die Führungsgruppen sollte ein Know-how-Transfer vor Ort stattfinden, der zu einer schnelleren und direkteren Lösung der Probleme führen sollte.

Kontongos Topmanagement wollte durch die Einrichtung von Führungsteams die Probleme der funktionalen Differenzierung der Organisation überwinden. Die ursprüngliche Idee, die hinter der funktionalen Differenzierung von Organisationen stand, war, die Gesamtaufgabe der Organisation in Einzelaufgaben zu zerlegen, die durch jeweils hoch professionalisierte Abteilungen getrennt bearbeitet werden. Aus Sicht des Topmanagements bestand die Schwierigkeit bei dieser Strategie jedoch darin, dass Abteilungen wie Qualitätsmanagement, Konstruktion und Produktion sich der Perfektionierung einer jeweils individuellen Teillogik widmen und dass darüber dann Partikularinteressen der einzelnen Abteilungen geschaffen wurden, die sich untereinander in erheblichem Maße widersprachen. Diese Partikularinteressen können in Organisationen oftmals nur dadurch miteinander in Einklang gebracht werden, dass sie auf höchster Ebene der Organisation gegeneinander abgewogen werden und Konflikte zwischen den Abteilungen dort entschieden werden. Die Hierarchie wirkt dabei als spezialisierte Einrichtung zur Koordination des vorher Differenzierten.

Das Management des untersuchten Unternehmens hoffte nun, dass mit der Bildung von Führungsteams die aus den Partikularinteressen entstehenden Probleme an einem Ort zusammengeführt würden, an dem sie durch Kompromiss, Verständigung und Konsens gelöst werden könnten, und hatte die Erwartung, dass die Unternehmensspitze nicht mehr mit der Bereinigung dieser internen Konflikte belastet werden würde. Es versprach sich Vorteile davon, dass gerade heterogen zusammengesetzte Führungsgruppen die Komplexität der relevanten Umwelten eines Segments besser abbilden könnten als von einer Führungskraft dominierte Gruppen. Die Führungsgruppen sollten Unschärfe einführen, wo Einzelne aufgrund ihrer professionellen Logik oder ihrer abteilungsspezifischen Einbindung zu Entweder-oder-Vereinfachungen griffen. Die Ambivalenz und Widersprüchlichkeit, die in einer Organisation vorhanden ist, sollte so zu einer Ressource werden, um die Segmente für die verschiedenen Logiken zu öffnen. Die Austragung von Konflikten in den Führungsteams sollte dazu beitragen, problematische Vereinfachungen zu verhindern und passendere Lösungen zu finden.

5.2. Probleme der Zusammenarbeit im Team

In der Arbeitswissenschaft wird kontrovers darüber diskutiert, weshalb sich gruppen- und teamorientierte Strukturen nur unter großen Schwierigkeiten einführen lassen. Obwohl man erwarten könnte, dass die betroffenen Mitarbeiter diese neue Arbeitsform wegen ihres Humanisierungspotenzials begrüßen müssten, wird vielmehr konstatiert, dass die in Gruppen und Teams zu organisierenden Mitarbeiter sich teilweise gegen die Einführung dieser neuen Arbeitsform wehren.

Nachdem die Widerstände lange Zeit lernpsychologisch erklärt wurden und den Mitarbeitern unterstellt wurde, dass sie sich eigentlich gern auf diese neue Arbeitsform einlassen wollten, aufgrund von defensiven Routinen aber noch nicht könnten, setzten sich dann Erklärungen durch, die diese Widerstände im Anschluss an Pierre Bourdieu mit der Einführung eines bürgerlichen Arbeitshabitus in die durch einen proletarischen Arbeitsbegriff geprägten Fertigungs- und Montagebereiche beschrieben. So argumentiert der Ethnologe Andreas Wittel (1998), dass die Gruppenarbeit mit der Betonung von intrinsisch motiviertem und diskursiv ausgerichtetem Arbeiten die Herausbildung eines bürgerlichen Habitus fördere, der von den Arbeitern, die durch einen an Gelderwerb, Körperlichkeit, Unterordnung und Routine orientierten Arbeitsbegriff geprägt seien, jedoch abgelehnt werde.

Eine solche Argumentation hat die Diskussion um die bei der Einführung von Gruppenarbeit auftretenden Probleme und Widerstände um eine zusätzliche, kultursoziologisch begründete Erklärung bereichert. Diese Argumentation suggeriert jedoch, dass die Einführung von Gruppen- und Teamstrukturen in den Bereichen von Unternehmen, Verwaltungen oder Krankenhäusern, die nicht durch einen proletarischen Arbeitshabitus geprägt sind, einfacher sei und dort nicht auf die gleichen Widerstände und Probleme treffe. Nach dieser Logik müsste die Einführung von Teamstrukturen gerade in Führungsbereichen, in denen ein intrinsisch motivierter und diskursiv orientierter Arbeitshabitus immer schon eine wichtige Rolle gespielt hat, einfacher zu bewerkstelligen sein als im operativen Bereich des Unternehmens. Nehmen also die Probleme mit der Gruppenarbeit ab, je mehr wir es mit höher qualifizierten, besser bezahlten und rhetorisch versierteren Mitarbeitern zu tun haben?

Im Folgenden werden die Schwierigkeiten von Arbeitsgruppen einerseits und Führungsgruppen andererseits anhand von vier Problemfeldern näher beleuchtet.

Das Problem der Entscheidungsfindung unter den Bedingungen des Konsensprinzips

Die Anforderung, unter »turbulenten Bedingungen« schnell und treffsicher Entscheidungen fällen zu können, wird als ein zentrales Argument für die Einführung von Gruppenarbeit, Segmentierung und für die Abflachung von Hierarchien angeführt. So begründet Henry Mintzberg (1979: 183) Maßnahmen der Enthierarchisierung und Dezentralisierung mit der dadurch gewonnenen Möglichkeit, schnell auf lokale Bedingungen reagieren zu können. Der Transfer von Informationen von einer Außenstelle zur Zentrale und zurück kostet Zeit, die die Unternehmen unter den heutigen Bedingungen einfach nicht mehr haben.

Aus der Sicht der interviewten Mitarbeiter von Kontongo zeigten sich dagegen die Vorteile der Einführung von Gruppenstrukturen auf der operativen und auf der Führungsebene nur dann, wenn eine Entscheidung »in Ruhe« gefällt werden kann. Dagegen machte sich der Abbau von hierarchischen Weisungsstrukturen dann als problematisch bemerkbar, wenn Entscheidungen unter Zeitdruck gefällt werden müssen, also genau in den Situationen, für die ein Vorteil dezentraler Organisationsstrukturen angenommen wird. »In Überlastsituationen«, so beispielsweise der Fertigungsleiter, »ist die Gruppenarbeit eher hinderlich. Da sind Sie mit klaren Anweisungen besser dran. Weil Sie einfach nicht mehr stunden-, tagelang diskutieren können. Hohe Auslastung wirkt eher gegen die Gruppenarbeit.«

Durch hierarchisch legitimierte Anweisungen eines vorher definierten Verantwortlichen konnten in der klassischen Organisationsstruktur schnell Entscheidungen herbeigeführt werden. Da es sowohl auf der Ebene der Arbeitsgruppen als auch auf der Ebene der Führungsteams keine Weisungsberechtigten mehr gibt, werden konsensual ausgerichtete Abstimmungsmechanismen wichtiger. Es kommt zu einer Potenzierung von Kommunikationsnotwendigkeiten und -möglichkeiten in den Teams. Dabei steigt die »Kommunikationsbelastung« mit der Zunahme der Mitarbeiterzahl in den Teams stark an.

Die Mitarbeiter in den Gruppen befinden sich in einem »Kommunikationsdilemma«: Man ist auf Regelkommunikation angewiesen, weil man nur schwer einschätzen kann, was abgestimmt und worüber informiert werden muss. Gleichzeitig entsteht das Gefühl von »Kommunikationsüberlastung«: Ein Mitglied eines Führungsteams von Kontongo klagte: »Ich kann mich nicht ständig darüber informieren, was die anderen im Segment-Team momentan tun. [...] Es wird einfach zu viel Doppelarbeit geleistet. Man redet viel, was zu Informationsaustausch führt, aber auch zur gegenseitigen Blockade unserer Ressourcen. [...] Doppelarbeit entsteht durch unklare Definition oder unvollkommene Umsetzung klarer Definitionen.« In diesem Dilemma greifen die Teammitglieder eher zu aufwändigen Abstimmungsprozessen, weil sie nicht riskieren wollen, dass einer der Kollegen, mit dem sie Tag für Tag zusammenarbeiten müssen, sich übergangen fühlt.

Gerade bei kontroversen Fragen kann es selbst in Extremsituationen nicht zu Entscheidungen kommen, weil es in der Gruppe keine Instanz gibt, die Entscheidungen fällen kann. Man lässt dann entweder den Entscheidungsdruck so stark ansteigen, bis es schlussendlich und unter Inkaufnahme großen psychischen Stresses zu einer Entscheidung kommt. Teilweise bleibt den Gruppen aber auch nichts anderes übrig, als die Entscheidung den Vorgesetzten zu überlassen. »Trotz des Zeitmangels«, so berichtete ein Mitglied eines Führungsteams von einer problematischen Entscheidungssituation, wurden »Fortschritte erzielt, weil die von oben steuernd eingegriffen haben – auf unsere

Bitte hin, weil wir nicht zu sechst über alles abstimmen können. Da kann man ja gar nichts entscheiden, das dauert zu lang.«

Interessant ist, dass dieses Problem der schnellen Entscheidungsfindung in sehr ähnlicher Form sowohl in den Fertigungs- und Montagegruppen als auch in den Führungsgruppen besteht. Die höhere Qualifikation und stärkere diskursive Orientierung der Mitglieder des Segment-Teams scheint keine Garantie dafür zu sein, dass die konsensualen Abstimmungen in diesen Gruppen besser funktionieren als in den Fertigungs- und Montagegruppen. Im Gegenteil: Es gibt Indizien dafür, dass sich dieses Problem in Führungsgruppen aufgrund der im Vergleich zu Fertigungs- und Montagegruppen geringeren Aufgabenstandardisierung sogar häufiger und verstärkt zeigt.

Ferner kommt es durch die Einführung von Gruppenstrukturen zu einer Verschärfung des Zeitproblems, wenn eine Entscheidung erst nach Einschaltung der nächsthöheren Ebene der Organisation getroffen wird. Es kann vorkommen, dass ein Problem lange Zeit bei einer Fertigungs- und Montagegruppe liegt, dort nicht nach dem Konsensprinzip entschieden werden kann und dann angesichts drohender Terminschwierigkeiten an das Führungsteam weitergegeben wird. Da die Problemlage häufig widersprüchlich und zwiespältig ist, reproduziert sich das Entscheidungsproblem der Gruppe nun im Führungsteam, das mit einem äußert zeitaufwändigen Entscheidungsverfahren belastet ist.

Diffusion von Verantwortung

Dass die Verantwortung bei einer einzigen Person liege und die anderen Mitarbeiter sich nicht zuständig fühlten für die Leistung des Teams, wird häufig als Problem der klassischen Ein-Personen-Führung genannt. Um dem vorzubeugen, wird bei Gruppenarbeit die Verantwortung für Qualität, Produktivität und Termineinhaltung nicht mehr einer einzelnen Person, sondern einer Gruppe insgesamt zugewiesen. »Für die Segmente«, so beispielsweise die Personalentwicklerin von Kontongo, »gibt es eine einheitliche Stellenbeschreibung. Die vielfältigen Aufgaben müssen sich die Mitglieder dann selbst aufteilen.« Dabei müssen die Mitglieder sich untereinander vertreten können. Jeder muss dazu in der Lage sein, Betriebsmittel und Ersatzteile selbst zu bestellen, Mitarbeitergespräche zu führen sowie Urlaubs- und Schichtplanungen vorzunehmen.

Entgegen der Erwartung, dass die Führung im Team zu einer stärkeren Verantwortungsübernahme in den Segmenten führt, ließ sich in dem untersuchten Unternehmen jedoch eine verstärkte Verantwortungsdiffusion feststellen. Gerade von der Werksleitung wurde beklagt, dass die Segment-Teams die Verantwortung für Qualität, Produktivität und Termineinhaltung nicht in der Form übernähmen, wie es für eine Segmentstruktur angebracht sei. Beispielsweise würden in der Frage der Urlaubsplanung – eigentlich einer Aufgabe der Fertigungs- und Montagegruppen selbst – die letztlich gültigen Entscheidungen noch nicht einmal auf der Ebene der Führungsteams gefällt. Dabei würden die Probleme, bei denen die Mitglieder der Führungsteams sich einer Entscheidung entziehen, von diesen so formuliert, dass sie nicht mehr als Aufgabe des Führungsteams, sondern als übergreifende Aufgabe verstanden werden könnten. Die Formulierungen ließen das Führungsteam als nicht mehr zuständig erscheinen. Der Fertigungsleiter: »Auf der einen Seite trauen sie sich nicht, die Entscheidung zu treffen, und geben sie nach oben weiter. Die Vorlagen werden so formuliert: ›Die Entscheidungen können wir im Segment-Team gar nicht treffen, die dürfen wir gar nicht so treffen‹.«

Die Mitglieder der Führungsteams begründeten die Zurückweisung von Verantwortung damit, dass ein zu starkes Exponieren der eigenen Person letztlich dazu führe, dass man zum Prügelknaben für alle anfallenden Probleme gemacht werde: »Bei uns in der Firma«, so ein Mitglied des Führungsteams, »ist es so: Wenn erst mal einer verantwortlich gemacht wurde, dann wird auch immer nur einer geschlagen. Um es mal krass zu sagen.« Das sei besonders dann problematisch, wenn man selbst keine hierarchisch gesicherten Weisungsbefugnisse über seine Kollegen habe. Bei den Sprechern entsteht der

Eindruck, dass sie den Kopf für bestimmte Dinge hinhalten müssen, ohne diese aber allein verantworten zu können.

Auch in dieser Beziehung wird hervorgehoben, dass sich in den Montage- und Fertigungsinseln das Problem der Verantwortungsdiffusion aufgrund der klareren Aufgabenstellungen nicht in der gleichen Schärfe stelle wie in den Führungsteams: Durch die Arbeitsaufgabe und »durch Druck«, so der Fertigungsleiter, »wird die Gruppe ausgerichtet.« Die Aufgaben der Führungskräfte dagegen seien viel stärker mit Unsicherheitsfaktoren belastet, weshalb eine Standardisierung eher schwierig sei. Dies lässt bei Teamstrukturen im mittleren Management offensichtlich mehr Raum für Spiele von Verantwortungsannahme und -abweisung als in den operativen Tätigkeitsfeldern.

In zwei Führungsteams eskalierte die Verantwortungsdiffusion dahingehend, dass entgegen der Empfehlung der Werksleitung kein Segmentsprecher benannt wurde. Zur Begründung brachten die Teams das Argument vor, dass die Arbeit vom ganzen Segment verantwortet werden müsse: »Wenn wir ein Segment sind«, so hebt ein Mitglied eines besonders zerstrittenen Segment-Teams hervor, »dann sind wir es zu viert oder zu fünft oder zu sechst. Weil die Geschäftsführung vorhatte, wenn es Probleme gibt, nur den Segmentsprecher herauszufischen und mit dem dieses Problem zu lösen oder den Einzelnen für das Nichtlösen des Problems verantwortlich zu machen.«

Das Gegeneinanderausspielen des Führungsteams durch die Mitarbeiter

Die Hoffnung des Managements war, dass durch die Einführung von teamorientierten Führungsstrukturen ein klareres und koordinierteres Auftreten gegenüber den Mitarbeitern ermöglicht würde. Man rechnete sich aus, dass die klassische Strategie der Fertigungs- und Montagemitarbeiter, nämlich die in unterschiedlichen Abteilungen angesiedelten Führungskräfte aus Arbeitsplanung, Qualitätsmanagement, Konstruktion und Auftragssteuerung gegeneinander auszuspielen, dadurch unterlaufen werden könnte, dass die Führungskräfte aus diesen Abteilungen zu einem gemeinsam verantwortlichen Führungsteam zusammengezogen werden.

Wenn kein Zeitdruck besteht, findet auch in der Tat ein koordiniertes und einheitliches Auftreten des Segment-Teams gegenüber den Mitarbeitern statt. In Stresssituationen allerdings kam es entgegen der Erwartung des Managements durch die Einführung der Segment-Teams nicht zu einem klaren und koordinierten Auftreten gegenüber den Mitarbeitern in Fertigung und Montage. Weil es durch die Zusammenfassung von Repräsentanten der Bereiche Arbeitsplanung, Qualitätsmanagement, Konstruktion und Auftragssteuerung zu einem gemeinsam verantwortlichen Team selbst für Fachthemen jetzt keinen eindeutigen Ansprechpartner mehr gab, entstand bei den Mitarbeitern der Eindruck, dass es in den Segmenten keine klare Linie gibt. »Der eine sagt hü, der andere hott«, so ein Mitarbeiter aus der Montage über sein Führungsteam, »weil die Kommunikation jetzt unterm Segment nicht klar definiert wurde.«

Die unklar definierte Verantwortung ließ den Kooperationspartnern der Segment-Teams die Möglichkeit, die Teammitglieder gegeneinander auszuspielen. Diese Tendenz ließ sich sowohl für die Beziehung zwischen Führungsteam und Arbeitsgruppen als auch für die Beziehung zwischen Führungsteam und Auftragssteuerung beobachten. So versuchten etwa die Steuerer aus dem Auftragszentrum, die Mitglieder des Segment-Teams gegeneinander auszuspielen. Jeder der sieben Auftragssteuerer versuchte die Mitglieder des Segment-Teams dazu zu bewegen, seine eigenen Aufträge vorrangig zu behandeln. Wenn er bei einem Mitglied des Segment-Teams keinen Erfolg hatte, wandte er sich an das nächste und nutzte so die Kommunikationslöcher in den Führungsteams für seine Zwecke aus.

Gerade die Untergebenen der Führungsteams entwickelten ausgefeilte Strategien, um von der unklaren Verantwortungsverteilung zu profitieren. »Die Gruppe weiß oft nicht, wer der Ansprechpartner ist, weil das auch nach außen nicht so kommuniziert wird. Gruppenmitglieder versuchen dann«, so die Beobachtung der Personalentwicklerin, »auch persönliche Interessen durchzuboxen [und] irgendwelche Spielchen zu treiben.« »Wenn man im Führungsteam nicht miteinander redet«, so ein Mitglied des Führungsteams, »sind die eigenen Leute ganz schmutzige Typen. Wenn ich sage: Das geht nicht!, geht er zum nächsten, und schon ist der Wurm drin.«

Die Versuche, die Spielchen der Mitarbeiter durch verstärkte Kommunikation untereinander zu unterbinden, gelangen im Alltagsgeschäft nicht immer. »Die Gruppenmitglieder«, so ein Mitglied des Segment-Teams, »haben schon gemerkt, dass man die Mitglieder des Segment-Teams gegeneinander ausspielen kann, und suchen beim Segment-Team den Weg des geringsten Widerstandes, wobei wir das durch Abstimmung untereinander verhindern. Lediglich bei Urlaub und Zeitausgleich schaffen es manche, einen Urlaubstag zu bekommen, indem sie die richtige Person ansprechen.«

Machtkämpfe in Führungsgruppen

Mit der Einführung von Gruppen- und Teamarbeit erhofft man sich, zu einer besseren Kooperation und Kommunikation zwischen den Mitarbeitern zu kommen. Dahinter steckt die Idee, den Mitarbeitern Heimat und Geborgenheit in der Gruppe zu geben, indem man möglichst gleichbleibende Personenkreise schafft, die ihre Aufgaben weitgehend autark durchführen können. Konflikte im Inneren sollen durch die Gruppenstruktur abgebaut und das Konfliktpotenzial soll auf äußere »Feinde« abgelenkt werden.

Diese Hoffnung wird durch empirische Forschungen über laterale Kooperation in Unternehmen genährt. Unter »lateraler Kooperation« wird die »zielorientierte, arbeitsteilige Erfüllung von stellenübergreifenden Aufgaben in einer strukturierten Arbeitssituation durch hierarchisch formal etwa gleichgestellte Organisationsmitglieder« verstanden. Quantitative Forschungen über laterale Kooperation kommen zu dem Ergebnis, dass, bei Betrachtung von Personen auf gleicher hierarchischer Ebene, die Mitarbeiter mehr als doppelt so viele Konflikte mit Gruppenexternen als mit Gruppeninternen haben. Damit wird suggeriert, dass die Kooperation innerhalb der Abteilungen besser funktioniert als die Kooperation zwischen Mitarbeitern unterschiedlicher Abteilungen.

Demgegenüber ist sowohl aus industriesoziologischer als auch aus systemtheoretischer Perspektive herausgearbeitet worden, dass Machtkämpfe zwischen Personen mit dem Prinzip Selbstorganisation nicht aus der Welt geschafft werden, sondern im Gegenteil erst in besonderem Maß relevant werden. Selbstorganisation erschwert die Etablierung von stabilen Herrschaftsstrukturen. Die Machtverhältnisse werden für alle Beteiligten diffuser, und die einzelnen Gruppenmitglieder können sich nur schwer gegen den »Missbrauch« der Machtverhältnisse zur Wehr setzen. Sachprobleme werden schnell durch persönliche Antipathien überlagert (siehe dazu Kühl 2015a: 94ff.). »Es sind Dinger gelaufen«, so der Bericht aus einem Segment-Team, »die waren unter der Gürtellinie.«

Die ins Persönliche gehenden Machtkämpfe werden mit dem Fehlen eines Vorgesetzten erklärt. »Wenn es einen formal vorgesetzten Segmentleiter geben würde«, so ein Mitglied eines Führungsteam von Kontongo, »gäbe es die zwischenmenschlichen Probleme nicht. Weil dann ein Chef da ist.« Vorgesetzte im operativen Management werden also durchaus nicht nur als Hemmnis betrachtet, sondern sie bieten beispielsweise den Mitarbeitern Schutz vor eskalierenden Auseinandersetzungen in Gruppen.

In den Fertigungs- und Montagegruppen lässt sich durch die Orientierung an eindeutig definierten Arbeitsaufgaben ein informaler Regulierungsmechanismus beobachten, der sich in Führungsteams nicht in der gleichen Form ausbilden kann. Der »darwinistische Machtkampf«, der in Arbeitsgruppen ohne Vorgesetzte beobachtet wurde, führt dazu, dass anhand des Kriteriums »Leistungserbringung« Hackordnungen entstehen. Einfluss und Status in der Gruppe hängen weitgehend von der Bewältigung der Arbeitsaufgaben ab und sind daher für die Gruppenmitglieder relativ einfach zu bestimmen. Wenn jemand die geforderte Leistung nicht erbringen kann, wird dies von den anderen Gruppenmitgliedern bemerkt, und der Betreffende wird sanktioniert. In letzter Konsequenz werden Mitglieder, die die Leistung nicht erbringen und damit die Prämienzahlungen für die gesamte Gruppe reduzieren, aus der Gruppe entfernt. »Bei einer Mitarbeiterin«, so berichtet beispielsweise eine Gruppensprecherin in der Montage von Kontongo, »gab es nachweislich Qualitätsprobleme. Die wurde dann nicht mehr in der Gruppe geduldet.«

Der Umstand, dass Führungsteams nur wenige Möglichkeiten zur Regulierung interner Machtkämpfe haben, hängt damit zusammen, dass sie im Prinzip keine Standardaufgaben haben. Schon in den Forschungen über die Rationalisierung von Dienstleistungsarbeit ist darauf hingewiesen worden, dass die Aufgaben in den unterstützenden Bereichen des Unternehmens durch ein hohes Maß an sachlicher, zeitlicher, personeller und ökonomischer Unbestimmtheit geprägt sind (siehe Berger 1984). Dies führt dazu, dass sich informale Hackordnungen in den Führungsteams nur schwer ausbilden können. Der Unternehmensentwickler von Kontongo verglich die Situation in einem besonders problematischen Führungsteam mit Monty Pythons Behinderten-Olympiade: »Jeder läuft in eine andere Richtung.« Führungs-, Ingenieurs- und Betreuungsaufgaben sind von ihrem Beitrag zur Wertschöpfung her nicht eindeutig zu bestimmen, sodass es dem Segment-Team nicht möglich ist, über die Leistungsbeiträge der einzelnen Mitglieder eine gruppeneinheitliche Meinung zu bilden. Der Rückgriff auf vermeintliche Expertenmacht ist in diesem Sinne ein stark von subjektiven Eindrücken bestimmtes Machtmittel. Die Möglichkeit, über ein Bemessen der Arbeitsleistung den Konflikt zu regulieren oder zu reduzieren, gibt es gar nicht.

Dieses strukturelle Problem, das durch die Schwierigkeit der Bestimmung von Leistungserbringung entsteht, wird durch die andersartige Motivationsstruktur von Führungskräften noch verschärft. Ein Mitglied eines Segment-Teams: »Viel zu viel wird Energie verschenkt … für Platzierungsvorgänge in der Firma.« Führungskräfte, so beispielsweise der Unternehmensentwickler, seien nicht mehr allein durch Geld motiviert, sondern auch stark an Karriere und Anerkennung durch die Vorgesetzten interessiert. Die Aufstiegschancen in dezentralen Strukturen sind jedoch sehr beschränkt, weil es innerhalb des mittleren Managements kaum noch Aufstiegsmöglichkeiten gibt. Um bei den geringen Aufstiegsmöglichkeiten überhaupt Karriere machen zu können, so der Unternehmensentwickler, sei es wichtig, auch als »Person identifizierbar« zu sein. Eine Karriere sei nur noch möglich, wenn man als Person und nicht als Teammitglied wahrgenommen werde. »Ich sehe«, so ein Mitglied des Segment-Teams von Kontongo, »meinen Chef zweimal im Monat, aber dann auch nur, wenn er runterkommt. [...] Dann gibt es Leute, die können es gar nicht ertragen, die müssen drei- bis viermal am Tag zu ihrem Chef gehen. Und dann werden falsche Informationen verbreitet, das können Sie sich gar nicht vorstellen.«

Wenn der Werksleiter bei eskalierenden Konflikten als oberste Führungskraft eingeschaltet wird, führt dies häufig nur zu einer weiteren Verschärfung des Konflikts, weil er über Detailvorgänge in den Segmenten kaum Bescheid weiß und daher von verschiedenen Teammitgliedern für eigene Zwecke instrumentalisiert werden kann. »Der jeweilige Vorgesetzte«, so die Personalentwicklerin von Kontongo, »kann das häufig nicht beurteilen ..., weil er nicht weiß, was in den Segmenten abläuft. Es gibt viele Möglichkeiten, Intrigen zu spinnen, dem Kollegen etwas Böses zu tun.«

Die blinden Flecken beim Führen im Team

Die angeführten Schwierigkeiten können sicherlich zum Teil auf die Probleme der Etablierung einer neuen, unbekannten Führungsstruktur zurückgeführt werden. Gerade deren Promotoren äußern die Hoffnung, dass sich informale Regelungsmechanismen in den Führungsgruppen entwickeln werden, die die bisher zu beobachtenden Probleme abmildern. Es wäre jedoch ein Fehler, im Stil der teilweise euphorischen Gruppenarbeitsliteratur alle Probleme von Team- und Gruppenorganisation nur auf die Schwierigkeiten bei der Einführung oder auf die fehlende teamorientierte Sozialisation der Mitarbeiter zurückzuführen. Bei den vier oben aufgeführten Problemen handelt es sich vielmehr um die »blinden Flecken«, die entstehen, wenn man durch Gruppenarbeit höhere Flexibilität zu erreichen versucht.

Die oben dargestellten Probleme sind die andere Seite der Medaille: Sie entstehen genau an den Punkten, an denen man versucht, durch Gruppenarbeit den negativen Effekten einer tayloristischen Arbeitsorganisation zu entgehen. Die Problematik schnell getroffener Entscheidungen muss in Kauf genommen werden, wenn man durch die Zusammenführung unterschiedlich interessierter Akteure unter Konsenszwang die Qualität der Entscheidungen erhöhen will. Man riskiert die Diffusion von Verantwortung, wenn man zur Stärkung des Verantwortungsbewusstseins nicht mehr einzelne Personen, sondern ganze Gruppen für verantwortlich erklärt. Das Gegeneinanderausspielen der Mitarbeiter in Teams ist ein verständlicher Effekt, wenn man mehrere Ansprechpartner bereitstellen will, um eine möglichst lückenlose Betreuung der vor- und nachgelagerten Bereiche zu erreichen. Konflikte und Machtkämpfe können zwar für die einzelnen Mitarbeiter schmerzvoll sein, müssen aber in Kauf genommen werden, wenn man die vorher funktional ausdifferenzierten Aufgabenfelder in einem Team zusammenführt und Konflikte als Möglichkeit zur Erweiterung des Wahrnehmungsspektrums der Organisation versteht.

Der Vergleich zwischen Fertigungs- oder Montagegruppen und Führungsgruppen liefert deutliche Indizien dafür, dass die Schwierigkeiten mit der Gruppenarbeit weniger mit der kulturellen Prägung der Fertigungsmitarbeiter und Monteure als mit den spezifischen Bedingungen einer Entscheidungsfindung ohne Vorgesetzte zu tun haben. Auf der operativen Führungsebene scheinen sich sehr ähnliche Probleme und Widerstände in Bezug auf Gruppen- und Teamstrukturen auszubilden wie im unmittelbar wertschöpfenden Kern.

Die Probleme von Gruppenstrukturen stellen sich dabei aufgrund der anders gearteten organisatorischen Stellung von Führungskräften teilweise sogar noch schärfer dar als in den Teams im wertschöpfenden

Bereich. Erstens können der hohe Standardisierungsgrad der Arbeitsaufgaben in den Fertigungs- und Montagegruppen und die existierenden klaren Vorgaben und Programme eine Eskalation der Probleme konsensualer Entscheidungsprozesse teilweise verhindern. Die Führungsteams haben dagegen ein wesentlich weniger standardisiertes Aufgabenspektrum und verfügen somit über weniger eindeutige Kriterien, mit denen die diskursiven Entscheidungsprozesse entschärft werden können. Zweitens führt die »Sandwich-Position« von mittleren Führungskräften zwischen Topmanagement und wertschöpfenden Bereichen dazu, dass die Macht-, Kontroll- und Verantwortungsspiele nicht nur wie in den Montage- und Fertigungsteams in einer Richtung, sondern in zwei Richtungen gespielt werden können.

Aufbauend auf den hier herausgearbeiteten strukturellen Problemen bei der Entscheidungsfindung in Teams wird im nächsten Abschnitt dargestellt, welcher paradoxe Effekt auftreten kann, wenn zwei hintereinandergeschaltete Ebenen der Hierarchie auf Gruppenstrukturen statt auf Ein-Personen-Führung basieren.

5.3. Das Dezentralisierungsparadox: Führung im Team und die Zentralisierung von Entscheidungen

In der Regel wird davon ausgegangen, dass durch einen Abbau von Hierarchiestufen und die Einführung von Gruppen- und Teamstrukturen auf allen Ebenen des Unternehmens eine stärkere Dezentralisierung von Verantwortung erreicht werden kann. Auch wenn es vereinzelt Organisationen gibt, die eine Reduzierung von Hierarchie ohne die Dezentralisierung von Entscheidungskompetenzen versuchen – das Motto in den meisten Unternehmen scheint zu sein: Je stärker die Abflachung der Hierarchie und je ausgeprägter die Dezentralisierungsbemühungen, desto mehr werden Kompetenzen und Verantwortung nach unten verlagert. Die Rede ist von einem »Kaskadeneffekt der Dezentralisierung«: Mittlere Führungskräfte, die in Unternehmen mit abgeflachten Hierarchien selbst mehr Verantwortung und Kompetenzen erhielten, könnten nur »überleben«, wenn sie ihrerseits nach unten Kompetenzen und Verantwortung abgeben (siehe dazu Faust/Jauch/Deutschmann 1998: 108).

Diese Annahme klingt auf den ersten Blick überzeugend. Auch das Management von Kontongo ging davon aus, dass die Abflachung der Hierarchie, die Einführung von Teamstrukturen auf verschiedenen Ebenen und die Dezentralisierung von Verantwortungskompetenzen auch zu einer besseren Entscheidungsfindung auf den beiden untersten hierarchischen Ebenen führen würde. Im Folgenden soll analysiert werden, weshalb sich dieser erhoffte Effekt nur begrenzt einstellte.

Hierarchische Durchgriffsmöglichkeiten bei teamorientierten Führungsstrukturen

Von Einzelpersonen besetzte hierarchische Positionen haben eine zentrale Funktion in Organisationen: An ihnen werden Entscheidungskompetenzen kristallisiert und Kommunikations- und Informationsflüsse unterbrochen. Diese Unterbrechungsfunktion der Hierarchie wirkt in beiden Richtungen. Nicht alle Informationen in einer Organisation werden von unten nach oben weitergereicht, weil dies die Spitze völlig überfordern würde. Genauso wenig werden alle Informationen von oben nach unten über die mittlere Führungsebene an den operativen Bereich, den technischen Kern weitergeleitet. Die Aufgabe der mittleren Führungsebene ist es, die Informationen der Vorgesetzten auf Relevanz zu filtern und nur manche Informationen weiterzugeben.

Diese Unterbrechungsfunktion ermöglicht es Organisationen, ein hohes Maß an Komplexität zu verarbeiten. Es ist eine zentrale Funktion von Hierarchie, so Herbert Simon (1978), eine Serie von ineinandergeschachtelten Systemen und Subsystemen zu produzieren. Dabei herrsche innerhalb der einzelnen Systeme und Subsysteme in der Regel eine stärkere und intensivere Kommunikation als zwischen den Systemen und Subsystemen. Innerhalb der Abteilung werde stärker kommuniziert als zwischen den Abteilungen; innerhalb der Gruppe finde ein intensiverer Austausch statt als zwischen den Gruppen. Auf diese Weise entstehe ein modulares System von teilautonomen Einheiten, das es ermögliche, in den Modulen komplette Teillösungen zu erarbeiten, die erst am Ende zu einer Gesamtlösung zusammengesetzt werden müssten und auf die man auch bei neuen Aufgaben punktuell wieder zurückgreifen könne.

Durch die Verknüpfung ihrer Einheiten in pyramidalen Weisungsketten ist es für Organisationen überhaupt erst möglich, einheitlich zu kommunizieren. Eine Organisation, so die Idee von Niklas Luhmann (1997: 834), kann ohne die aufwändige (und unmögliche) Herstellung einer konsensualen Übereinstimmung aller Mitglieder nur deswegen mit einer Stimme sprechen, weil der Geschäftsführer, der Vorstandsvorsitzende oder der Oberbürgermeister sich darauf verlassen kann, dass seine Aussagen über die hierarchische Pyramide in halbautonomen Modulen in konkretes Handeln umgesetzt werden.

Bei Kontongo wurden im Zuge der Dezentralisierungsmaßnahmen die alten Meisterstrukturen aufgelöst und die »Königreiche der Meister« abgeschafft. Die Meister hatten mit der stark an ihre Person gebundenen Entscheidungskompetenz jedoch eine wichtige Funktion für die Unterbrechung von Kommunikation im Unternehmen innegehabt. Die andere Seite der Klage über die Lehm- und Lähmschicht der mittleren Manager im operativen Geschäft ist nämlich die, dass die mit vielen Kompetenzen ausgestatteten Führungskräfte das Funktionieren der modularen Struktur des Unternehmens sehr effektiv sicherstellen konnten. Positiv ausgedrückt: Ein Meister des untersuchten Unternehmens konnte früher sowohl seine Vorgesetzten von Informationen aus seinem Bereich »entlasten« als auch die Informationen der Vorgesetzten an die Basis nach ihrer Relevanz filtern.

Durch die Einführung von Teamstrukturen auf der ersten Führungsebene kommt es zu einer Modifizierung der Filterstrukturen für

Informationen. Bei funktionierenden Routinegeschäften gibt es keine großen Unterschiede zur vorher existierenden Meisterstruktur. Weil ausreichend Zeit für konsensuale Entscheidungen auf der Ebene der Führungsgruppe zur Verfügung steht, kann dort entschieden werden, welche Informationen in Form von Anweisungen oder Anregungen an die Mitarbeiter weitergeleitet werden. Der Dienstweg kann eingehalten werden.

In zeitkritischen Situationen – zum Beispiel bei Reklamationen oder bei Aufträgen, die als »Schnellschüsse« in die Produktion eingebracht werden müssen – funktionieren die Führungsteams nur begrenzt als Filter von oben nach unten. Durch die große Führungsspanne und die häufig langwierigen Abstimmungsprozesse im Team wird es für die Fertigungsleitung zunehmend schwierig, »regelgerecht« auf einzelne Mitarbeiter zuzugreifen. Der Regelgang – Werksleitung wendet sich an Segment-Team, Segment-Team stimmt sich ab und gibt dann Informationen an die Gruppen weiter, die Gruppen stimmen sich ab und sprechen einzelne Mitarbeiter an – wird vom Fertigungsleiter als sehr aufwändig betrachtet und häufig außer Kraft gesetzt.

Gerade in kritischen Momenten kommt es daher zu direkten Durchgriffen, die über das Segment-Team hinweggehen. Der Leiter des Total Quality Management bei Kontongo berichtete: »Der Fertigungsleiter hat von außen in die Gruppen hineingesprochen, ohne dies mit den Gruppen abzusprechen.« Die Personalentwicklerin pflichtete bei: »Das passiert sogar sehr oft. Wenn etwas passiert, wo sofort gehandelt werden muss. Der Chef kommt dann auch mal persönlich. Von unten nach oben wird hingegen meist der ›Dienstweg‹ eingehalten.« Aus der Sicht der Segment-Teams wird dabei selten die vereinbarte Aufgabenteilung aufrechterhalten: »Die Vorgesetzten«, so ein Mitglied des Segment-Teams, »kümmern sich nicht um die interne Aufgabenabgrenzung im Segment-Team. Obwohl sie diese kennen, greifen sie sich oft genug den Nächstbesten aus dem Segment-Team bei einem Problem, auch wenn dieser dafür gar nicht zuständig ist.«

Hier wird deutlich, wie die lose Kopplung, die durch die Teamstrukturen eingeführt wurde, von den Beteiligten als Stress wahrgenommen wird, auf den mit fester Kopplung reagiert wird. Schon der Organisationspsychologe Karl Weick (1976) hat darauf hingewiesen, dass es durch lose Kopplungen in Organisationen zur plötzlichen Konservierung von Strukturen kommen kann, weil die Hierarchien aufgrund der entstehenden Probleme bei allzu losen Kopplungen plötzlich die klassischen Befehlswege remobilisieren. Durch die Dezentralisierung auf mehreren Ebenen mit Gruppenstruktur kann der Fertigungsleiter jetzt viel stärker als bei der vorher existierenden Meisterstruktur direkt auf die Produktionsmitarbeiter zugreifen.

Hierarchie als Stoppregel für Leerlauf bei der Entscheidungsfindung in Gruppen

Parallel zu den Möglichkeiten des Fertigungsleiters, die schwache Ebene der im Team organisierten mittleren Vorgesetzten auszuschalten, macht sich das Paradox einer Zentralisierung durch Dezentralisierung auch aufgrund der Initiativen von unten bemerkbar. Bei Kontongo ließ sich beobachten, dass es zu einer Dezentralisierung von Entscheidungskompetenzen kommt, wenn die Teams ausreichend Zeit für die Entscheidungsfindung haben, die Problemstellung nicht allzu kontroverse Positionen im Team mobilisiert und sich informale Hierarchisierungen, Arbeitsteilungen oder Abstimmungsprozesse herausgebildet haben. Aber gerade bei zeitkritischen Entscheidungen und in Gruppen, in denen die Machtverhältnisse nicht über informale Aushandlungsprozesse geklärt sind, funktioniert die Dezentralisierung von Entscheidungskompetenzen nicht. Weil in Gruppen Entscheidungen nicht qua Amtsautorität gefällt werden können, werden im Konfliktfall Entscheidungen so lange in der Hierarchie nach oben geschoben, bis sie bei einer Person ankommen, die das Entscheidungsmonopol hat.

Hier macht sich bemerkbar, dass paradoxerweise alle Maßnahmen zur Dezentralisierung und Enthierarchisierung und alle Umstellungen von hierarchischer auf diskursive Steuerung im Rahmen einer bestehen bleibenden Hierarchie stattfinden (vgl. Kühl 2015a: 125ff.). Die weiterexistierende hierarchische Grundstruktur der Organisation ist bei stark dezentralisierten Unternehmen in unproblematischen Situationen häufig nur noch schwer erkennbar und wird durch den Demokratisierungs-, Empowerment- und Enthierarchisierungsdiskurs des Managements überdeckt. In Krisenmomenten wird jedoch die hierarchische Grundstruktur virulent, wenn über Entlassungen, Lohnkürzungen oder Arbeitszeitverlängerungen nicht im Konsens, sondern plötzlich qua Vorgesetztenentscheidung bestimmt wird.

Bei ins Leere laufenden Entscheidungsfindungsprozessen oder bei zeitkritischen Problemstellungen, in denen die Gruppen nicht sofort zu einem Konsens kommen, stellt in dem untersuchten Unternehmen der Fertigungsleiter die erste Ebene dar, auf der Konflikte durch ein Votum entschieden werden können. Das hängt damit zusammen, dass hier erstmals die Verantwortung auf eine Person konzentriert ist. »Die Konflikte«, so ein Mitglied des Segment-Teams, »kann man nur beim Chef lösen.« So wird von Problemen der Aufgabenverteilung aus einem Segment-Team berichtet, die erst durch die Intervention des Produktionsleiters gelöst werden konnten. Dabei ging es um die Frage, wer in dem Team welche Aufgabe übernehmen durfte und wie die Verantwortlichkeiten verteilt wurden. Da es bei den Auseinandersetzungen auch darum ging, wer künftig welchen Einfluss haben würde, konnte es in dem zerstrittenen Team zu keiner Einigung kommen. Ein Mitglied des Segment-Teams: »Wir haben es erst versucht in Eigenregie. War nicht so toll. Dann haben wir es versucht über die Personalabteilung. Hat auch nicht viel gebracht. … Dann haben wir es mit der Werksleitung gemacht. Das war sehr effektiv.«

Es wird als Stärke von Hierarchien angesehen, dass sie in Aushandlungsprozessen als »Stoppregel« oder »Notbremse« dienen können. Sie sichern die Entscheidbarkeit von Problemen. Schon Max Weber (1976: 561) hat hervorgehoben, dass sich bürokratische Organisationen aufgrund ihrer eindeutigen Entscheidungsprogrammierung über Aktenführung und Dienstanweisungen und aufgrund ihres straffen Über- und Unterordnungsprinzips gegenüber kollegialen, ehren- und nebenamtlichen Formen von Organisation durchgesetzt hätten. Die zentralen Merkmale einer Organisation »Präzision«, »Schnelligkeit«, »Eindeutigkeit« und »Kontinuierlichkeit« hätten sich erst aufgrund der Kombination von Programmierung und Hierarchie entwickeln können.

Dieser Gedanke wird besonders in der Systemtheorie variiert, indem aus funktionalistischer Perspektive darauf aufmerksam gemacht wird, dass durch Hierarchie eine Transformation von unendlichen in endliche Informationslasten möglich wird. Die Stoppregeln oder Notbremsen sind so gebaut, dass bei einem normalerweise über diskursive Abstimmung laufenden Prozess im Krisenfall die Hierarchie mobilisiert wird. In modernen Organisationen, so Dirk Baecker (1999: 298ff. und 330ff.) vielleicht etwas pauschal, sei jeder Mitarbeiter in einer Position, die ihn zum Experten eines hochempfindlichen Zwischenschritts mache und deswegen bei jeder halbwegs anspruchsvollen Aufgabe zur Rückfrage zwinge. Durch die hierarchische Stoppregel oder Notbremse wird genau dieses Prinzip des Rückfragenkönnens außer Kraft gesetzt. Die Hierarchie erhält ihre Legitimation aus sich selbst heraus, sie muss sich nicht mit dem Verweis auf Fachkenntnisse, Umweltkontakte oder Inspirationen rechtfertigen.

In der Regel sind die neuen Organisationshierarchien so gebaut, dass nach einer Ebene mit Gruppen- oder Teamstrukturen jeweils eine Ebene mit eindeutig personal zugerechneter Verantwortung folgt. Nach der Ebene der teilautonomen Montage- und Fertigungsinseln folgt die Ebene der persönlich verantwortlichen Meister. Nach der Ebene eines gleichberechtigten Managementteams in der Geschäftsführung eines Profitcenters folgt ein persönlich verantwortliches Vorstandsmitglied. Über einem gleichberechtigten Projektteam befindet sich ein Projektleiter, der mit dem Verweis auf seine Stellung Probleme des Projektteams entscheiden kann. Auf diese Weise können die ungewollten paradoxen Effekte von Gruppen- und Teamstrukturen recht schnell durch eine Hierarchie eingegrenzt werden.

Bei Kontongo dagegen setzte die hierarchische Stoppregel erst recht weit oben an. Die Mitarbeiter sprachen von einer »gebrochenen Organisation«. Die Fertigungsebenen mit den beiden aufeinander aufbauenden Team- und Gruppenstrukturen waren stark dezentralisiert und kamen mit einer sehr flachen Hierarchie aus. Die übrige Unternehmensorganisation funktionierte weiterhin nach streng hierarchischen Prinzipien. An der Schnittstelle zwischen der dezentralisierten und der klassisch hierarchischen, auf Ein-Personen-Führung basierenden Organisation – in der Funktion des Produktions- oder des Werksleiters – fielen die Probleme an, die aufgrund der Teamstrukturen nicht entschieden werden konnten, weil es keine eindeutig verantwortliche Person gab. In zeitkritischen Entscheidungssituationen, bei hochkonfliktären Themen und in problematischen Teamsituationen konnte es vorkommen, dass wegen der spät einsetzenden hierarchischen Stoppregel Probleme aus den Fertigungs- und Montagegruppen erst auf der Ebene der Fertigungsleitung entschieden wurden.

Von einem Paradox lässt sich deshalb sprechen, weil die Existenz von zwei aufeinander aufbauenden Ebenen mit Gruppen- und Teamstrukturen dazu führt, dass Entscheidungen noch zentralistischer gefällt werden als in der klassischen Meisterstruktur, in der ein Meister Entscheidungsfindungsprozesse mit dem Verweis auf seine hierarchischen Kompetenzen abkürzen konnte. Wenn es Gruppen durch informale Hierarchisierung, Arbeitsteilung oder konsensuale Abstimmungsprozesse nicht gelingt, Konflikte zu regulieren, werden Entscheidungen gerade in diesen stark dezentralisierten Strukturen in der Hierarchiepyramide nach oben gezogen. Es kommt dazu, dass kritische Entscheidungen an einem Punkt der Organisation, bei einem einzigen Individuum angesiedelt werden – ein Prozess, den Henry Mintzberg (1979: 385f.) mit dem Begriff »Zentralisierung« beschrieben hat.

Erosion dezentraler Entscheidungsstrukturen

Zusammenfassend lässt sich feststellen, dass die Etablierung von Gruppenstrukturen über zwei Hierarchieebenen in organisatorischen Stresssituationen zu einer Erosion der geplanten Dezentralisierung der Entscheidungsprozesse führen kann. Die organisatorische Praxis weicht von der angestrebten und vereinbarten dezentralisierten Vorgehensweise ab. Auffällig ist dabei, dass weder die Mitglieder der Fertigungs- und Montagegruppen noch die Mitglieder der Führungsgruppen oder der Werksleitung an einer prinzipiellen Rezentralisierung von Entscheidungskompetenzen interessiert scheinen. Das Nach-oben-Ziehen von Entscheidungen in organisatorischen Stresssituationen wurde von allen Beteiligten als unnötig komplexitätssteigernde, aber paradoxerweise kaum zu verhindernde Vorgehensweise begriffen.

Man könnte die Abweichung von den vereinbarten dezentralisierten Entscheidungsstrukturen als eine notwendige und für die Organisation funktionale Regelverletzung begreifen. Begrenzt praktizierte Regelverletzungen können zur Erhaltung von Regeln beitragen, weil Situationen und Kontexte, in denen die Regeln nicht anwendbar erscheinen, nicht sofort zu einer Delegitimation der Regeln führen.

Unter den vorgestellten Bedingungen scheint es aber zu einem sich selbst verstärkenden Zirkel zu kommen, in dem die dezentralisierten Entscheidungsstrukturen immer weiter erodieren. Abweichungen von der intendierten und vereinbarten Regel »Entscheidungen sollen in den Gruppen getroffen werden« sind so häufig, dass das Nach-oben-Schieben von problematischen Entscheidungssituationen immer mehr zu einer dominierenden organisatorischen Praxis zu werden droht. Aufgrund der abgeflachten Hierarchie führt das dazu, dass immer mehr Entscheidungen beim Werksleiter anfallen und er somit zum Nadelöhr für zeitkritische und kontroverse Entscheidungen wird.

In den folgenden Überlegungen soll die bisher entwickelte These in zwei zentrale Stränge der Dezentralisierungsdiskussion eingeordnet werden.

5.4. Variationen der zentralisierten Dezentralisierung: Konsequenzen für die Diskussion über neue Organisationsformen

Es gibt zwei Diskussionsstränge, die für die Bestimmung der hier angestellten Beobachtungen zentral sind: Der erste Strang besteht in dem Versuch, statt einer simplen Gegenüberstellung von Dezentralisierung und Zentralisierung die Gleichzeitigkeit dieser Strategien herauszustellen und dabei die Mischungsverhältnisse von Zentralität und Dezentralität genauer zu bestimmen. Im zweiten Diskussionsstrang wird versucht, die ungewollten Nebenfolgen, paradoxen Effekte und Dilemmata der Dezentralisierungs- und Enthierarchisierungsbemühungen näher aufzuzeigen.

Im Folgenden möchte ich anhand der in den vorigen Abschnitten aufgezeigten empirischen Ergebnisse und der dort entwickelten theoretischen Überlegungen diese bisher eher parallel verlaufenden Diskussionsstränge miteinander verbinden. Es entstehen in den neuen postbürokratischen Organisationsformen nicht nur Identitätskonflikte, Politisierungsprobleme und Komplexitätsexplosionen als ungewollte, aber nicht vermeidbare Kosten einer stärker flexibilisierten Organisationsstruktur (siehe dazu Kühl 2015a: 81ff.), sondern vielmehr können Dezentralisierungsstrategien unter bestimmten Bedingungen das Gegenteil dessen erreichen, was ursprünglich angestrebt wurde.

Zentralisierte Dezentralisierung als Managementstrategie

Das postmodern klingende Ersetzen des »Entweder-oder-Prinzips« durch das »Sowohl-als-auch-Prinzip« hat auch Einzug in die Managementdiskussion gehalten. Während es anfangs so aussah, als ginge es bei der Entscheidung zwischen Dezentralisierung *oder* Zentralisierung um die Herstellung »klarer« und »sauberer« Verhältnisse in der Organisation, wird jetzt verstärkt argumentiert, dass in Organisationen sowohl Dezentralisierungs- als auch Zentralisierungsstrategien gleichzeitig verfolgt werden. In verschiedenen Studien zur Dezentralisierung ist das paradox erscheinende Verhältnis von Zentralisierung und Dezentralisierung näher bestimmt worden, und es wurde herausgestellt, wie das Management versucht, gleichzeitig sowohl die Vorteile einer dezentralen Selbststeuerung als auch die Synergieeffekte einer zentralen Steuerung zu nutzen.

Alfred Kieser (1994: 219f.) hat herausgearbeitet, dass es eine Illusion wäre zu glauben, dass Fremdorganisation in Organisationen zurückgeschraubt würde, um Selbstorganisation zu fördern. Statt der pauschalen Annahme »Selbstorganisation statt Fremdorganisation« schlägt er vor, die »Fremdorganisation von Selbstkoordination und Selbststrukturierung« stärker ins Blickfeld zu nehmen. Damit wird die Perspektive dafür eröffnet, dass Selbstkoordination in dezentralen Einheiten erst durch Fremdorganisation ermöglicht wird. Aus verschiedenen Theorieperspektiven deuten sich Kombinationsvariationen von Fremdorganisation und Selbstorganisation beziehungsweise Zentralisierung und Dezentralisierung an.

In einer ersten, aus der kontrolltheoretischen Tradition stammenden Argumentationsrichtung wird darauf hingewiesen, dass entgegen den postfordistischen Annahmen Dezentralisierung nicht zu einer Stärkung der kleinen autonomen Einheiten führe, sondern dass die Kontrolle dadurch vielmehr noch stärker in den Händen eines global tätigen Managements konzentriert würde. Die Machtverhältnisse verschöben sich durch die Dezentralisierung eher zugunsten der Konzernzentralen, die mit neuen, EDV-basierten und an Zielvorgaben orientierten Kontrollmechanismen die dezentralen Einheiten unter Druck setzen könnten. Mit diesen Strategien sei es nicht mehr nötig, konkrete Personen oder Prozesse zu kontrollieren. Die Kontrolle der Einhaltung bestimmter Ergebnisvorgaben reiche aus.

In einer zweiten, machttheoretisch inspirierten Diskussionslinie wird davon ausgegangen, dass die Unternehmensleitung über Dezentralisierungsmaßnahmen mehr an Einfluss gewinne, weil sie so in der Lage sei, die autonomen Einheiten gegeneinander auszuspielen. Die selbstständig agierenden Profitcenter verfügen in der Regel über die wichtigen Funktionsbereiche Produktion, Einkauf, Verkauf, Qualitätssicherung, Konstruktion und Personal. Sie können so ohne allzu große Komplexitätsprobleme aus der Gesamtorganisation herausgeschnitten werden. Dies versetzt die Unternehmenszentrale in die Lage, die Profitcenter in einem Wettbewerb gegeneinander antreten zu lassen und sie bei mangelnder Leistungsfähigkeit abzustoßen. Da die Kriterien der Leistungsbewertung maßgeblich durch die Zentrale vorgegeben werden, verfügt sie auch angesichts der Dezentralisierung unternehmerischer Kompetenzen über erheblichen Einfluss.

Eine dritte in der Steuerungstheorie zu findende Argumentationslinie geht von der Möglichkeit aus, dass die verschiedenen Organisationseinheiten unterschiedlich miteinander gekoppelt bzw. voneinander entkoppelt sein können. So argumentiert beispielsweise Henry Mintzberg (1979: 385f.), dass die Einführung von Profitcenter-Strukturen lediglich eine partielle Dezentralisierung einer Holding bedeute. Während die Beziehungen der Divisionen untereinander sehr wohl locker gekoppelt sein könnten, müssten die einzelnen Divisionen intern umso fester gekoppelt sein, weil sie auf ein eindeutiges Ziel ausgerichtet seien. Die Einführung einer Divisionalisierung führe häufig dazu, dass die einzelnen selbstständigen Einheiten in sich stärker zentralisiert und formalisiert seien, als wenn sie unabhängige Organisationen wären. Dies führe sodann zu einem stärkeren Zusammenhalt in der Holding.

Trotz der unterschiedlichen theoretischen Grundlagen und Nuancierungen ist allen drei Argumentationssträngen gemein, dass sie von einer intentionalen, durch das Management bewusst vorgenommenen Verknüpfung von Dezentralisierung und Zentralisierung ausgehen. Es wird deutlich, dass das Auftreten des Dezentralisierungs-/Zentralisierungs-Paradoxes vorrangig für das Ergebnis einer strategischen Entscheidung des Managements gehalten wird. Schon in paradoxen Formulierungen der »kontrollierten Autonomie«, der »fremdorganisierten Selbstorganisation« oder der »zentralistischen Dezentralisierung« steckt die Annahme, dass es eine Managementstrategie ist, die zu einer spezifischen Kombination von Dezentralisierung und Zentralisierung führt.

Der Wert der Arbeiten zum Verhältnis von Zentralisierung und Dezentralisierung besteht darin, dass sie die simplifizierende Annahme eines wellenartigen Wechsels zwischen diesen Organisationsstrategien differenzieren. Den häufig undifferenzierten Selbstbeschreibungen von Reorganisationsprojekten als Maßnahmen zur Förderung des »Empowerment«, der »Selbstorganisation« und der »Intrapreneurship« setzen sie eine differenziertere Bestimmung von gleichzeitig auftretenden Zentralisierungs- und Dezentralisierungsmomenten entgegen.

Paradoxe Effekte, ungewollte Nebenfolgen und Dilemmata der Dezentralisierung

Die Diskussion über das Spannungsverhältnis von Dezentralisierung und Zentralisierung kann dadurch gewinnen, wenn sie sich noch stärker für neuere Ansätze öffnet, in denen ungewollte Nebenfolgen, paradoxe Effekte und Dilemmata in Organisationen thematisiert werden. So hat Nils Brunsson (1989: 231f.) beispielsweise vor der Annahme einer zu engen Kopplung von Intentionen und Effekten bei der Organisationsanalyse gewarnt. Zwar würden einflussreiche Akteure in Organisationen Konsistenz und Rationalität von Strategien propagieren; dies würde jedoch nicht selbstverständlich dazu führen, dass diese Ziele auch erreicht würden. Die Strukturen, Prozesse und

Ideologien, die zu beobachten seien, korrespondierten nicht unbedingt mit denen, die von der Organisation selbst oder von der Managementtheorie angestrebt würden.

Die Perspektive auf ungeplante Nebenfolgen, paradoxe Effekte und nichtbedachte Kosten hat es ermöglicht, die zentralen Problembereiche der neuen Organisationsformen zu identifizieren, auf die sich die Rezentralisierungsüberlegungen des Managements in der Regel beziehen. Mit Begriffen wie »Überforderung des Managements«, »betriebspolitisches Dilemma«, »Spartenegoismus«, »Identitätsdilemma«, »Balkanisierung«, »Partizipationsparadox«, »Politisierungsdilemma« und »Komplexitätsexplosion« wird darauf hingewiesen, dass mit zunehmender Differenzierung in teilautonome, sich selbst organisierende Einheiten die Gesamtintegration in Organisationen immer notwendiger, aber auch immer schwieriger wird.

Aufgrund der Untersuchung von Organisationen mit Führungsteams ist es jetzt möglich, die Diskussion zur Gleichzeitigkeit von Dezentralisierung und Zentralisierung mit der Diskussion über ungewollte Nebenfolgen und paradoxe Effekte zu kombinieren.

5.5. Zentralisierung der Entscheidungskompetenzen als ungewollte Nebenfolge der Dezentralisierung

Entgegen den Intentionen des Managements bringt gerade eine konsequente Dezentralisierung eine Zentralisierung von Entscheidungen als ungewollte Nebenfolge mit sich. Die entstehende kontrollierte Autonomie, fremdorganisierte Selbstorganisation oder zentralistische Dezentralisierung ist aus dieser Perspektive das ungewollte Ergebnis der Dezentralisierungsmaßnahmen. Je mehr Kraft Sisyphos darauf verwendet, den Felsbrocken den Berg hochzurollen, mit umso größerer Wucht donnert ihm dieser Fels den Berg hinunter.

Wir haben es in den neuen Unternehmensformen mit einem *punktuellen* Ersetzen der hierarchischen Steuerung durch Koordination mit diskursiver Abstimmung zu tun (siehe dazu auch Sturdy/Wright/Wylie 2014). Während eine hierarchische Gesamtsteuerung des Unternehmens beibehalten wird, wird die interne Koordinierung von Arbeitseinheiten im wertschöpfenden Bereich vorwiegend über diskursive bzw. konsensuale Abstimmungen vorgenommen. Ziel ist es dabei – wie oben gezeigt –, die ungewollten Nebenfolgen der Hierarchie in den Griff zu bekommen. Dies muss aber nicht zu einem Bedeutungsverlust der Hierarchie führen (siehe so schon Farson 1997: 22).

Vielmehr wird die Hierarchie so umgebaut, dass sie den Einsatz von Gruppen- und Teamstrukturen definiert, begrenzt und befristet (siehe dazu auch aufschlussreich z.B. Hodgson 2004; McSweeney 2006; Hodgson/Briand 2013). Wenn sich Ebenen mit Gruppenstrukturen und Ebenen mit Ein-Personen-Führung abwechseln, kann sich der Effekt einstellen, dass die Ebenen mit Gruppenstruktur und die Ebenen mit Ein-Personen-Führung sich gegenseitig so im Griff halten, dass die ungewollten Nebenfolgen der jeweils anderen Organisationsform abgemildert werden können.

Beim Hintereinanderschalten mehrerer Ebenen mit Team- und Gruppenstrukturen kann es jedoch gerade in Krisenmomenten passieren, dass jene Definition, Begrenzung und Befristung der Gruppenstrukturen durch Hierarchie erst sehr spät einsetzt. Die strukturellen Probleme von Gruppenarbeit in Form von langwierigen Entscheidungsprozessen, Machtkämpfen und Verantwortungsdiffusion können sich dann im Extremfall so lange ausbreiten, bis sie auf eine hierarchische Ebene mit Ein-Personen-Führung stoßen.

6. Über das erfolgreiche Scheitern von Gruppenarbeitsprojekten

»Eine Änderung der formellen Organisationsstruktur ist manchmal die effektivste Methode, die informelle Arbeitsumgebung zu beeinflussen.«
David A. Nadler

Kein Thema ist sowohl in der Managementliteratur über neue Organisationsformen als auch in der Industriesoziologie, Arbeitswissenschaft und Organisationspsychologie so intensiv und umfassend behandelt worden wie das der Gruppenarbeit. Das breite Interesse ist darauf zurückzuführen, dass Gruppenarbeit als die zentrale Maßnahme für die Abwendung vom Taylorismus und die Hinwendung zu ganzheitlicheren Formen der Arbeitsorganisation angesehen wird. Modelle wie der »Postfordismus«, die »neuen Produktionskonzepte« oder die »operative Dezentralisierung« begründen sich maßgeblich durch die Einführung von teilautonomer Gruppenarbeit im wertschöpfenden Bereich der Unternehmen.

Die Funktionsweise von Gruppenarbeit ist inzwischen nicht nur für die Schlüsselindustrien der Automobil-, Maschinenbau-, Elektronik- und Chemiebranche beschrieben worden, sondern auch für Unternehmen aus dem Dienstleistungsbereich, für Organisationen der öffentlichen Verwaltung und für Krankenhäuser. Dabei konzentrieren sich die bisher vorliegenden Fallstudien vorwiegend auf den Prozess der Einführung von Gruppenarbeit oder die Funktionsweise von Gruppenarbeit kurz nach ihrer Einführung.

Das große Manko dieser Forschungen besteht darin, dass es sich fast ausschließlich um Einpunktuntersuchungen handelt. Der Status quo der Arbeitsorganisation zu einem bestimmten Zeitpunkt wird erhoben, und daraus werden verallgemeinerbare Aussagen abgeleitet. Längsschnittstudien, Mehrpunktuntersuchungen oder Reevalutionen von Unternehmen sind seltene Ausnahmen. Diese Begrenzung hängt einerseits mit den kurzen Laufzeiten von Forschungsprojekten zusammen, sie lässt sich andererseits aber auch mit den Selbstfestlegungen der Wissenschaftler durch einmal veröffentlichte Publikationen erklären. Mit der Veröffentlichung einer Studie zu Gruppenarbeit legt sich der Wissenschaftler auf Aussagen fest, deren Wert durch eine spätere Reevaluation des Unternehmens entkräftet werden könnten. Das führt dazu, dass sich in der Literatur fast ausschließlich Erfolgsberichte über Gruppenarbeit finden und dass Berichte über Misserfolge oder gescheiterte Versuche mit Gruppenarbeit sowohl in der Fachpresse als auch in der wissenschaftlichen Literatur kaum existieren.

In diesem Kapitel werden drei Unternehmen betrachtet, in denen Wissenschaftler in der Vergangenheit wichtige Beratungs- und Forschungsprojekte zur Dezentralisierung durchgeführt haben. Diese Unternehmen wurden (und werden teilweise immer noch) in Texten und Vorträgen als Vorreiterorganisationen für dezentralisierte Strukturen bezeichnet. Aber ohne dass es von der vorrangig an der Schauseite von Organisationen interessierten Öffentlichkeit wahrgenommen wurde, wurde in zwei dieser Unternehmen inzwischen die Gruppenarbeit jedoch komplett abgeschafft. Das dritte Unternehmen befindet sich in einem Prozess der Rezentralisierung und Retaylorisierung.

Bei einem mittelständischen Zulieferer der Automobilindustrie – nennen wir ihn Ladra – wurden die vorher eingeführten kunden- bzw. produktbezogenen Fertigungsinseln aufgelöst und die klassischen verfahrensorientierten Abteilungen wieder eingeführt. Die indirekten Aufgaben wie Personalplanung, Auftragsfeinsteuerung, Wartung und Qualitätssicherung, die ursprünglich in die Kompetenz der Inseln übertragen worden waren, wurden wieder in Zentralbereichen zusammengefasst. Den Gruppensprechern wurden hierarchische Weisungsbefugnisse zugestanden. Sie wurden, wie es der Geschäftsführer ausdrückt, »wieder ein bisschen« zu Abteilungsleitern oder Schichtleitern. Das ganze Unternehmen, so der Geschäftsführer, befinde sich auf einem Weg »zurück in die Zukunft«.

Bei einem anderen Unternehmen, das zu einem der führenden Maschinenbaukonzerne der Welt gehört, hat man die etablierte Gruppenarbeit bereits nach zwei Jahren wieder einschlafen lassen. In diesem Unternehmen – nennen wir es Jamus – basierte die Gruppenarbeit auf einer Wochenplanung, die die Mitarbeiter der Fertigungsinseln selbstständig erstellten. Die Auftragsleitstelle, über die die Aufträge für die Gruppen eingespeist werden sollten, wurde jedoch bereits nach weniger als einem Jahr wieder aufgegeben. Die Wochenplanungen hatten den Wert von Altpapier; sie hatten keine Effekte mehr für die Produktionssteuerung. Die Rotation zwischen Arbeitspositionen innerhalb der Gruppe, die zu Beginn der Gruppenarbeit praktiziert wurde, wurde eingestellt. Jeder Mitarbeiter hat inzwischen wieder seinen festen Arbeitsplatz. Die Ämter der Gruppensprecher sind verwaist. Die Poolhäuschen, in denen die Koordination der Gruppen stattfinden sollte, wurden wieder abgerissen. Von den Versuchen mit Gruppenarbeit zeugen faktisch nur noch die Maschinenanordnung und die Schilder über den Gruppenbereichen.

Ein mittelständischer Zulieferer für die Automobil- und Maschinenbauindustrie – nennen wir ihn Keymac – befindet sich nach einer sehr weitgehenden Dezentralisierung jetzt in einem Prozess der Rezentralisierung. Nach Beobachtungen von Fertigungs- und Montagemitarbeitern schlief die Gruppenarbeit in einigen Bereichen wieder ein. Als erster Schritt deutet sich an, dass die teamorientierte Führungsstruktur zugunsten einer personenzentrierten Führung aufgelöst wird. In einer neu gegründeten Außenstelle scheinen sich diejenigen Akteure durchzusetzen, die für einen klassisch tayloristischen Organisationsaufbau plädieren.

In einem ersten Reflex auf diesen Befund urteilt man, dass sich die Unternehmen in einem Trend zur Rezentralisierung befinden. Nach jeder Dezentralisierungswelle beobachtet die Wirtschaftspresse, aber auch die Soziologie und die Arbeitswissenschaft einen Trend zur Retaylorisierung. Für die Automobilindustrie, der häufig eine

Vorreiterrolle bei der Durchsetzung von neuen Produktionskonzepten zugeschrieben wird, wird dann belegt, dass Ansätze teilautonomer Gruppenarbeit zugunsten von restriktiveren Arbeitsformen zurückgenommen werden und sich in den Montagebereichen wieder verstärkt Formen von stark repetitiver Fließbandarbeit mit kurzen Taktzeiten durchsetzen.

Die Auseinandersetzung mit Rezentralisierungs- und Retaylorisierungstendenzen darf sich jedoch nicht darauf beschränken, nach den »neuen Produktionskonzepten«, den »neuen Rationalisierungstypen«, dem »Postfordismus« oder der »Neuen Offenheit« jetzt lediglich wieder ein »Zurück zu alten Produktionskonzepten«, die »Renaissance der alten Rationalisierungstypen«, einen »Re- oder Neofordismus« oder eine »neue Geschlossenheit« zu postulieren. Vielmehr sollten die Befunde zur Rücknahme von Gruppenarbeit in den Unternehmen dazu genutzt werden, die Gruppenarbeitsdiskussion punktuell um eine machttheoretische, eine neoinstitutionalistische und eine systemtheoretische Perspektive zu erweitern. Mit diesem theoretischen Fokus können die Ansätze in Betriebswirtschaftslehre, Arbeitswissenschaft, Organisationspsychologie und Industriesoziologie ergänzt (und teilweise auch zu Widerspruch herausgefordert) werden, die ihre Betrachtungsweise von neuen Arbeitsformen vorrangig an vermeintlich objektiv bestimmbaren Kriterien wie Effizienz und Produktivität einerseits und Humanisierung der Arbeitswelt andererseits orientieren.

Im ersten Teil (Abschnitt 6.1.) wird die Frage behandelt, weshalb diese Arbeitsform trotz der positiven Einschätzung des wirtschaftlichen Nutzens von Gruppenarbeit durch das damalige Management und die wissenschaftlichen Begleitforscher wieder eingestellt worden ist. Unter Rückgriff auf neoinstitutionalistische Überlegungen wird dabei rekonstruiert, dass die Effizienz oder Nichteffizienz von Gruppenarbeit in den Unternehmen keine objektiv bestimmbare Größe ist, sondern eine soziale Konstruktion der jeweils dominierenden Koalition im Unternehmen. Im zweiten Teil (Abschnitt 6.2) steht die Frage im Mittelpunkt, weshalb die Mitarbeiter sich kaum gegen die

Rücknahme der Gruppenarbeit gewehrt, ja diese teilweise sogar begrüßt haben. Unter Rückgriff auf mikropolitische Überlegungen zur Regelverletzung und auf die Unterscheidung zwischen Konditional- und Zweckprogrammen wird gezeigt, dass die Mitarbeiter ihren Einflussbereich durch die Gruppenarbeit nur begrenzt ausbauen konnten und teilweise sogar an Einfluss verloren. Im dritten Teil (Abschnitt 6.3.) wird erläutert, weshalb Konzepte operativer Dezentralisierung so leicht erodieren konnten und weshalb man bei der einmal eingeführten Gruppenarbeit kaum strukturelle Trägheit, keine »Lock-ins« und keine Pfadabhängigkeit findet. Konditionalprogramme werden hier bei der Gruppenarbeit tendenziell durch Zweckprogramme abgelöst. Der Faktor Personal gewinnt dabei an Bedeutung. Zweckprogramme und Entscheidungsprogrammierung über Personal unterliegen jedoch einer weitaus geringeren strukturellen Trägheit und begünstigen dadurch die Erosion der Gruppenarbeit in den Unternehmen. Im letzten Teil (Abschnitt 6.4.) wird diskutiert, ob man überhaupt von einem generellen Scheitern des Konzepts der Gruppenarbeit in den drei Unternehmen sprechen kann oder ob wir es nicht vielmehr mit *erfolgreich* gescheiterten Gruppenarbeitsprojekten zu tun haben.[12]

6.1. Die Relativität des Effizienzarguments in der Gruppenarbeit

Eine Vielzahl von Untersuchungen weist darauf hin, dass durch Gruppenarbeit vielfältige Optimierungen erzielt werden können: Verkürzung der Durchlaufzeiten, Reduzierung der Stückkosten und Umlaufbestände, Qualitätsverbesserung, Steigerung der Flexibilität, Senkung des Lagerbestands sowie höhere Lieferqualität und Dispositionssicherheit. Der wirtschaftliche Effekt der Gruppenarbeit wird – bei allen Diskussionen darüber, mit welchen Instrumenten ihre Wirksamkeit gemessen werden kann – insgesamt positiv eingeschätzt. Die

Ergebnisse von Metaanalysen zeigen unter dem Strich positive Produktivitätseffekte der Gruppenarbeit. Daraus ließe sich schlussfolgern, dass sich selbst regulierende Arbeitsgruppen besser als eine nach tayloristischen Prinzipien aufgebaute Produktion in der Lage sind, sich wechselnden internen und externen Anforderungen anzupassen, und dass diese Arbeitsform insgesamt zu einer größeren Produktivität führt.[13]

Gemäß der Logik dieser wissenschaftlichen Untersuchungen lesen sich auch die Selbstbeschreibungen des an der Einführung von Gruppenarbeit beteiligten Managements sowie die Berichte der Begleitforscher in den drei Unternehmen als wirtschaftliche Erfolgsgeschichten. Bei Ladra werden die Effekte der Gruppenarbeit mit Stichworten wie »höhere Wirtschaftlichkeit, geringere Gemeinkosten«, »signifikante Ersparnis bei Gemeinkosten«, »deutliche Qualitätsverbesserung und Kosteneinsparung« und »Verbesserung der internationalen Wettbewerbsfähigkeit durch kostengünstigere Produktion« beschrieben. Es wurde festgestellt, dass sich der Umsatz pro Arbeitsstunde in sechs Jahren um 50 Prozent gesteigert habe. Auch bei Jamus wurde die Einführung der Gruppenarbeit als Erfolg auf der ganzen Linie gewertet. So wurde die positive Entwicklung der Umsatzzahlen nach Einführung der neuen Arbeitsformen als ein deutliches Indiz dafür angesehen, dass sich die erhofften Effekte wie Verringerung von Leerlaufzeiten und Nacharbeit eingestellt hätten. Die Fertigungsinseln hätten zu einer Reduzierung der Fertigungskosten um bis zu 20 Prozent und zu einer Verkürzung der Durchlaufzeiten um bis zu 50 Prozent geführt. Auch bei Keymac wurde von einer Effizienzsteigerung durch die Gruppenarbeit ausgegangen.

Angesichts dieser positiven, teilweise euphorischen Einschätzungen liegen die Fragen in diesem Themenbereich auf der Hand: Weshalb kam es trotz der positiven Einschätzung in Bezug auf Produktivität, Termintreue, Durchlaufzeiten und Qualität sowohl durch das Management als auch durch die wissenschaftlichen Begleitforscher zu einer Rücknahme der Gruppenarbeit? Gaben die Produktivitätsberechnungen die »objektive« Situation in den Unternehmen wieder, oder wurden sie vielmehr zur Legitimation der Maßnahmen konstruiert?

Die Relativität des Effizienzarguments

Die Sichtweise, die lange Zeit die Diskussion über Gruppenarbeit beherrschte, geht von der Prämisse aus, dass es in Organisationen übergeordnete Ziele (Wirtschaftlichkeit, Humanisierung etc.) gibt, an denen sich das Verhalten der Mitarbeiter ausrichten, bewerten und sanktionieren lässt. Die Rationalität der Organisation und damit auch die Entscheidung über eine eventuelle Einführung von Gruppenarbeit gehen dabei letztlich in harten Effizienzrechnungen auf. Aus den übergeordneten Zielen und der Marktlage, so die implizite Annahme, lassen sich durch das Management Präferenzordnungen ableiten, wonach zwischen Alternativen wie taylorisierter Arbeitsform, restriktiver Gruppenarbeit oder teilautonomen Wertschöpfungsinseln entschieden werden kann. Rationalisierungen sind aus dieser Perspektive Versuche, die Zweck-Mittel-Relationen in den Organisationen zu verbessern. Organisationen funktionieren in dieser Logik – so ein Bild von James March (1962: 669) – wie ein Baum, der seine Ausrichtung auf die Sonne zu optimieren versucht und dessen Blätter in ihrem Wachstum dieser Optimierungsstrategie des Baumes unterliegen.

In der zweckrationalen Perspektive gibt es – grob gesprochen – drei Ansätze zur Erklärung der Rücknahme von Gruppenarbeit, die sich schon in der Auseinandersetzung mit den gescheiterten Gruppenarbeitsprojekten im Rahmen der in den 1970er Jahren in verschiedenen Ländern durchgeführten Programme zur Humanisierung der Arbeitswelt abgezeichnet haben. Der erste Erklärungsansatz nimmt an, dass sich die Kontextbedingungen (Markt, Technik, Logistiksysteme, Mitarbeiterstamm, Besitzverhältnisse, unternehmensübergreifende Strategien etc.) so geändert haben, dass Gruppenarbeit nicht mehr als die effizienteste Arbeitsform angesehen werden kann und deshalb eingestellt worden ist. Der zweite Erklärungsansatz geht von einem Lernprozess im Management aus, der nach Phasen des Experimentierens, Messens und Reflektierens zu der Einsicht geführt hat, dass andere Arbeitsformen als die teilautonome Gruppenarbeit für die Organisation vorteilhafter sind. Der dritte und in der Literatur über Gruppenarbeit häufig zu findende Erklärungsansatz führt die Probleme, die bei einem ökonomisch eigentlich überlegenen Konzept wie Gruppenarbeit gleichwohl auftreten, auf vermeidbare »Gestaltungsfehler«, auf »halbherziges Vorgehen«, auf die Unfähigkeit und Ignoranz der Mitarbeiter und auf egoistische Interessen zurück. Es sind dann verwerfliche »mikropolitische Eingriffe«, die ein eigentlich erfolgreiches und ökonomisch sinnvolles Konzept untergraben.

Die zweckrationale Sichtweise auf Organisationen wird durch die systemtheoretische Forschung grundsätzlich infrage gestellt. In diesen Ansätzen wird nicht bezweifelt, dass es in Organisationen Zwecke gibt. Es wird jedoch angezweifelt, dass man Organisationen über die Zwecke und die zur Erreichung dieser Zwecke eingesetzten Mittel erklären kann. Es wird darauf hingewiesen, dass eine Vielzahl von widersprüchlichen Zwecken existiert und dass die Zwecksetzungen deshalb nicht als Ausgangspunkt für organisatorische Analysen genommen werden können. In Organisationen gibt es eine Vielzahl von Organisationseinheiten mit sehr unterschiedlichen Präferenzen, Vorlieben und Zielen. Entscheidungen sind das Ergebnis von Konflikten und/oder Kompromissen zwischen den verschiedenen Einheiten in einer Organisation. So gesehen funktioniert die Organisation, um noch einmal das Bild von James March aufzugreifen, wie ein Baum, an dem jedes einzelne Blatt zur Sonne strebt. Das Wachstum des Baumes ist dann lediglich das Ergebnis der widerstreitenden Interessen dieser Blätter.

Dieser Theoriezugang eröffnet eine neue Perspektive auf die Diskussion über die Effizienz, Effektivität und Wirtschaftlichkeit von Gruppenarbeit. Die begrenzte Rationalität, die als Grundlage dieses Theoriekonzepts angesehen wird, gilt auch für die »hart« und »objektiv« erscheinenden Wirtschaftlichkeitsberechnungen in Unternehmen. Gerade angesichts der berühmt-berüchtigten »turbulenten und unsicheren Umwelten« ist es nur noch in Ausnahmefällen möglich, die Kontextbedingungen so stabil zu halten, dass eine eindeutige Zurechnung von Wirkungen auf Ursachen möglich ist. In einer Anzahl von entscheidungstheoretisch angelegten Studien wurde inzwischen gezeigt, dass es in Organisationen die Tendenz gibt, auch solchen Situationen, die eigentlich keine eindeutige Quantifizierung erlauben, trotzdem Folgen zuzurechnen und diese auch monetär zu bewerten. Instrumente zur Bestimmung von Effizienz und Effektivität werden häufig auch in Situationen angewandt, in denen ihr Einsatz als unangemessen eingeschätzt werden kann.

Effizienz und Effektivität können in dieser Logik nicht mehr als Zweck begriffen werden, auf den sich alle Handlungen beziehen. Effizienz-, Effektivitäts- und Wirtschaftlichkeitsberechnungen in Bezug auf Gruppenarbeit sind vielmehr organisationsintern aufgebaute Konstrukte, mit denen sich die Organisation an die in der Umwelt gehandelten Managementkonzepte ankoppelt. Es interessiert dabei weniger die Frage nach dem »Wahrheitsgehalt« der Wirtschaftlichkeitsberechnungen als die Frage, wie durch die objektiv wirkende Bestimmung von Effizienz und Effektivität einerseits »offene Räume verschlossen« werden und andererseits das »Unwahrscheinliche wahrscheinlich gemacht« wird. Es geht darum, wie und mit welchen Konsequenzen der durch Berechnungen generierte Sinn das Handeln der Akteure orientiert, legitimiert und schließlich als notwendig beziehungsweise unausweichlich erscheinen lässt.

Schon Ulrike Berger (1988: 127) hat darauf hingewiesen, dass Effizienz- und Effektivitätsnachweise der von einer Koalition bevorzugten Alternative einen »Anschein von Seriosität und ökonomischer Rationalität« verleihen und dadurch die Durchsetzungschancen für die bevorzugte Alternative erhöhen. Diese Berechnungen haben den Vorteil, dass sie sich gegenüber »weicheren« Formen formaler Rationalität der harten »Sprache des Geldes« bedienen. Auch wenn die »Übersetzungen« sehr frei sind, haben sie in Unternehmen den Vorzug der »Landessprache«, weil das Überleben eines Unternehmens im Kapitalismus von seiner Zahlungsfähigkeit abhängt. Ökonomische Rationalität, so die Schlussfolgerung von Berger, erscheint unter diesem Gesichtspunkt nicht so sehr als berechenbares und eindeutig bestimmbares Allokationsprinzip, sondern vielmehr als ein unter Bedingungen von Unsicherheit hilfreicher Mythos für die Legitimation des Handelns und Entscheidens nach außen und innen.

Die Konstruktion von Effizienz und Effektivität und der Streit um die Deutungsmacht

Durch die Mehrpunktuntersuchung von Organisationen ist es möglich, die soziale Konstruktion von Effizienz und Effektivität durch die verschiedenen Koalitionen sichtbar zu machen. Dadurch, dass sich in den Unternehmen mindestens zwei verschiedene Koalitionen mit teilweise entgegengesetzten Interessen mit der Wirtschaftlichkeit der Gruppenarbeit beschäftigten, wurden nicht nur erhebliche Diskrepanzen in der Einschätzung deutlich, sondern es wurde auch die Konstruktion der Effizienz- (oder Ineffizienz-)Berechnungen der verschiedenen Koalitionen zur Sprache gebracht.

Sowohl bei Ladra als auch bei Jamus und Keymac waren wirtschaftliche Krisensituationen der Ausgangspunkt für die Einführung von teilautonomer Gruppenarbeit. In zwei Fällen drohte die Konzernholding damit, das Unternehmen zu schließen, zu verkaufen oder zu verlagern, wenn es dem Management nicht gelänge, es aus den roten Zahlen zu bringen. Im dritten Unternehmen setzte eine Krise in der Automobilindustrie das Management unter Druck, neue Wege einzuschlagen. In dieser Situation kam es gerade für das Management der beiden in Holdingbesitz befindlichen Unternehmen darauf an, sich einen Handlungsspielraum zu verschaffen. Bei Ladra drängte besonders der Konzernvorstand auf die Einführung neuer Produktionsformen. Der Konzern war von einem großen ausländischen Unternehmen aufgekauft worden, und der Vorstand musste diesem Unternehmen beweisen, dass man über neue Arbeits- und Produktionsformen sowohl die Kosten als auch die Qualitätsprobleme in den Griff bekommen konnte. Die Geschäftsführung von Jamus sah sich vor ein Ultimatum der Holding gestellt, in den nächsten Jahren schwarze Zahlen schreiben zu müssen, da sonst der Produktzweig abgegeben würde. Der Geschäftsführer initiierte eine Veränderung der Organisationsform, um mit dem Verweis auf ein schlüssiges modernes Konzept zusätzliche Investitionsmittel zu erhalten und sich eine Atempause zu verschaffen.

Dass man sich an dem aktuellen Modell der operativen Dezentralisierung orientierte, ist aus neoinstitutionalistischer Perspektive nicht überraschend. Paul J. DiMaggio und Walter W. Powell (1983) geben den Mechanismus der mimetischen Isomorphie als einen der Gründe für die auffällige Homogenität der Organisationsformen über Konzerngrenzen hinweg an. Gerade unter Bedingungen hoher Unsicherheit, wie zum Beispiel wirtschaftlicher Krisen, orientieren sich Organisationen bei der Ausbildung von Strukturen häufig am Modell anderer Organisationen. Sie imitieren die Strukturen derjenigen Organisationen, die entweder für besonders erfolgreich gehalten werden oder im Umfeld der Organisation, beispielsweise bei Kunden, eine zentrale Rolle spielen.

Wenn beispielsweise Automobilkonzerne – in vielen Fällen Vorreiter bei der Einführung neuer Produktionskonzepte – Gruppenarbeit einführen, folgen kleinere Zulieferunternehmen häufig schnell ihrem Beispiel. Da Automobilkonzerne für zwei der drei hier betrachteten Unternehmen die wichtigste Kundengruppe darstellten und auch im dritten Unternehmen die Entwicklung in der Automobilbranche intensiv beobachtet wurde, spielte Gruppenarbeit bei den Dezentralisierungsstrategien der drei Unternehmen eine zentrale Rolle. »Man hat Gruppenarbeit deswegen gemacht«, so der Unternehmensentwickler von Keymac, »weil es die anderen gemacht haben. […] Egal was als Schlagwörter auf dem Markt war, unser Unternehmen hat es mitgemacht.« »Die Mittelständler«, so ein Mitglied des Segment-Teams des gleichen Unternehmens, »reagieren auf Modeerscheinungen. Gruppenarbeit hat bei Mercedes … angefangen – mit Predigten zur Gruppenarbeit. Der Mittelständler, direkter Zulieferer an Mercedes, muss dann natürlich auch Gruppenarbeit einführen. Die reagieren nicht aus Selbstüberzeugung, sondern auf Trends.«

Seminare, Vorträge und Konferenzen, auf denen über die aktuellen Entwicklungen in Schlüsselindustrien berichtet wird, spielen eine wichtige Rolle bei der Verbreitung von Produktionskonzepten. Während in den beiden in Holdings eingegliederten Unternehmen die Rahmenbedingungen der Konzernholding eine zentrale Rolle spielten, hing im inhabergeführten dritten Unternehmen viel vom geschäftsführenden Gesellschafter ab. »Man muss sich das ganz einfach vorstellen«, so die Begleitforscherin bei Keymac, »Der Unternehmer geht auf Tagungen, und da treten dann Professoren auf, die sagen: Segmentorganisation ist wichtig. Dann sagt er: Aha, dann führen Sie das doch bei mir ein, Sie sind doch ein bekannter Mann. [...] Das ist teuer, und Sie sind doch auch gefördert von der CSU hier in Bayern. Das muss was Gutes sein. Dann macht der Wildemann Kanban. Dann macht er erst mal zwei oder drei Veranstaltungen, das kostet dann ein bisschen Geld, und dann schickt er seine Mitarbeiter hin und die machen dann auch ein bisschen was und sagen dann: Jetzt habt ihr Segmentorganisation.«

Neoinstitutionalisten haben gerade in den letzten Jahren die Gefahr thematisiert, dass Forscher von einem übersozialisierten Verhalten in Organisationen ausgehen und intentionales Handeln vernachlässigen. Organisationsmitglieder erscheinen dann nur noch als in einem »stahlharten Gehäuse« gefangene Opfer gesellschaftlich legitimierter Erwartungen. Die drei untersuchten Fälle zeigen, dass sich Reorganisationsprozesse in Unternehmen zwar an dominierenden Mustern im organisatorischen Umfeld orientieren, dass aber erst eine Koalition aus Unternehmensleitung und Personalabteilung, Betriebsrat und externen Begleitforschern die Reorganisation im Rahmen dieses dominierenden Musters möglich machte. Obwohl sich diese Akteure in ihrer Rhetorik alle auf den Zweck »Rettung des Unternehmens« festgelegt hatten, gab es eine Vielzahl von individuellen Rationalitäten, die zu der Koalitionsbildung geführt hatten.

So bedeuteten die Einführung von Gruppenarbeit und insbesondere die hohe Aufmerksamkeit, die den Unternehmen dadurch zuteilwurde, für das Management deutlich verbesserte Karrierechancen. Der Personalleiter von Ladra wechselte, so die Schilderung des Betriebsrats, kurz vor dem Bekanntwerden der schlechten wirtschaftlichen Situation »mit der Überschrift Gruppenarbeit« in eine andere Firma. Der Personalleiter des Gesamtkonzerns, der die Einführung der neuen Unternehmensformen begleitete, machte sich mit dem Thema Gruppenarbeit als Unternehmensberater selbstständig und akquirierte seine ersten Aufträge mit dem Verweis auf den Erfolg seiner früheren Firma.

Das Management ging in allen drei Unternehmen eine Koalition mit dem Betriebsrat ein, der bei der Einführung der Gruppenarbeit eine Art »Co-Management« betrieb. Der Betriebsrat von Jamus hebt hervor, dass man damals das »Projekt stark begleitet« hätte und »fester Partner« der Geschäftsleitung geworden sei. Man habe sogar noch »gepusht, als die Geschäftsleitung schon Müßiggang« machte: »Es war immer auch ein Kind von uns mit.« Bei Ladra stellte sich der Betriebsrat ebenfalls auf die Seite des Managements und distanzierte sich von der Gewerkschaftszentrale, die der Gruppenarbeit damals noch kritisch gegenüberstand. »Unsere erste Betriebsvereinbarung, das war ein riesiger Einschnitt in die Gewerkschaftslinie [...] Wir haben auch deshalb die Gewerkschaft hier rausgeschmissen. [...] Wir haben die Gruppenarbeit einfach mal so gemacht. [...] Sie können sich vorstellen, dass ich bei der Gewerkschaft Wahnsinnsprügel dafür bezogen habe.« Auch bei Keymac spielte die enge Kooperation zwischen Management und Betriebsrat bei der Einführung der Gruppenarbeit eine wichtige Rolle.

Als dritter Akteur in dieser Koalition wirkten die externen Begleitforscher. Die Einführung der Gruppenarbeit wurde in einem Fall von einem halbstaatlichen Forschungsinstitut begleitet, das das Projekt dringend als Referenzprojekt brauchte. Das Institut warb in Informationsbroschüren zu Teambildung, Prozessanalyse und Qualifikationsleitlinien mit dem Gruppenarbeitsprojekt und lud das Management anderer Unternehmen ein. Der Geschäftsführer erklärt: »Die haben dieses Konzept nach außen getragen, um mehrere Unternehmen dafür zu begeistern.« Das zweite Gruppenarbeitsprojekt wurde durch ein arbeitswissenschaftliches Forschungsinstitut begleitet, dessen Mitarbeiter sich als Experten für Gruppenarbeit einen Namen gemacht hatten. Im dritten Unternehmen wurde von einem Arbeitswissenschaftler eine Langzeituntersuchung zur Gruppenarbeit durchgeführt.

Aus der Sicht des derzeitigen Managements von zwei der drei untersuchten Unternehmen nutzte die dominierende Koalition der Befürworter von Gruppenarbeit seinerzeit ihre starke Stellung dafür, zu bestimmen, in welchen Gruppen, mit welchen Instrumenten und in welchen Zeiträumen die Wirtschaftlichkeitsberechnungen vorgenommen wurden und wie die Daten zu interpretieren waren. Dadurch sei es, so die Sicht des neuen Managements, zu einem Gesundrechnen der Gruppenarbeit gekommen.

Als ersten Beleg führt das neue Management an, dass die wirtschaftlichen Berechnungen sich stark auf die Erfahrungen mit Pilotinseln bezogen. In allen drei Unternehmen wurde mit Pilotinseln experimentiert und die vermeintlich positiven Erfahrungen als Begründung für die weitere Ausdehnung der Gruppenarbeitsmodelle benutzt. Aus Sicht des aktuellen Geschäftsführers des einen Unternehmens wurde bewusst eine Pilotinsel gewählt, mit der man die Vorteilhaftigkeit von Gruppenarbeit belegen konnte. Die damalige Geschäftsleitung habe einen Bereich ausgewählt, der »daniederlag«. Man setzte dann eine Gruppe mit den besten Leuten auf die Fertigung eines Produktes an, das über das Jahr hinweg relativ konstant nachgefragt wurde.

Als ein zweiter Beleg wird angeführt, dass Produktivitätserfolge der Einführung von Gruppenarbeit zugerechnet wurden, obwohl diese Zurechnung auf sehr tönernen Füßen gestanden habe. In der Außendarstellung verweist zum Beispiel ein Unternehmen darauf, dass durch die Einführung von Gruppenarbeit sichtbare Produktivitätssteigerungen erzielt werden konnten. Intern wird jedoch von Schwierigkeiten bei der Bestimmung der Produktivitätssteigerung gesprochen.

»Ich traue mir keine Aussage zu machen«, so der Fertigungsleiter von Keymac, »was von der Produktivitätssteigerung dem Faktor Gruppenarbeit zurechenbar ist. […] Ich glaube, dass wir eine Steigerung herausgebracht haben, aber messbar ist das nicht.« So könne analytisch nicht bestimmt werden, in welchem Umfang der Aufbau von Montagestraßen (Reduzierung von Puffern) und die Gruppenarbeit jeweils zur Produktivitätssteigerung beigetragen hätten.

Die Erosion der Gruppenarbeit und die zunehmend kritische Sicht auf die Wirtschaftlichkeit der dezentralen Organisationsstrukturen hängen eng mit dem Zusammenbruch der Koalition der Befürworter von Gruppenarbeit zusammen.

Besonders bei Unternehmen, die mit der Automobilindustrie zusammenarbeiten, machte sich bemerkbar, dass Gruppenarbeit in ihrer teilautonomen Form nicht mehr unbedingt en vogue war und deswegen der Druck auf die Zulieferfirmen, ebenfalls teilautonome Gruppenarbeit einzuführen, nachließ. Ein Meister von Keymac: »Jetzt kommt der Trend, […] dass Mercedes, BWM, Opel wieder weggehen. Dass in den USA ganz andere Geschichten laufen. Da bin ich überzeugt, dass es nicht lange dauert, dann gibt es hier wieder disziplinarische Vorgesetzte innerhalb der Gruppe und innerhalb des Segment-Teams.« Ein Mitarbeiter aus der Fertigung des Unternehmens: »Die Entwicklung hat doch schon stattgefunden. BMW, Mercedes, Opel, es gibt keine sich selbst steuernden Gruppen mehr. Es geht nur noch mit Vorgesetzten. Das geht schneller als wir denken […]. Es dauert keine drei Jahre mehr, dann finden Sie keine Gruppe mehr ohne Vorgesetzten, ohne direkten Vorgesetzten […]. Da bin ich mir ganz sicher.«

Gerade in den zwei Unternehmen, in denen wir es nicht nur mit einer stillschweigenden Erosion der Gruppenarbeit zu tun haben, sondern später auch mit bewussten strategischen Entscheidungen zur Rezentralisierung, wurde die Rücknahme der Gruppenarbeit mit der fehlenden Effizienz und Wirtschaftlichkeit begründet. Der Geschäftsführer eines Unternehmens erklärt: »Man kann sich lange in die Tasche lügen, aber wenn man belegen kann, dass die Produktivität […] in den Keller geht, dann muss […] man das ändern.« Dabei werden in den Unternehmen paradoxerweise Gründe für die Rezentralisierung genannt, die sonst gerade für die Einführung von Gruppenarbeit herhalten müssen. In einem Unternehmen wird beispielsweise darauf verwiesen, dass bei konstantem Auftragseingang die kundenspezifischen Gruppen gut ausgelastet seien und auch Rationalisierungsgewinne erzielt werden könnten. Bei Auftragsschwankungen jedoch würden große Probleme entstehen, weil es dann Momente von Unterauslastung in den Gruppen gebe. In einem anderen Unternehmen wird argumentiert, dass die Mitarbeiter in der Gruppenarbeit sich häufig auf einen bestimmten Arbeitsplatz spezialisiert hätten. Durch die rezentralisierte Struktur und die Stärkung der Meisterebene habe die erste Führungsebene überhaupt erst wieder die Möglichkeit bekommen, die Mitarbeiter dazu anzuhalten, häufiger an unterschiedlichen Maschinen zu arbeiten.

Perspektive: Die Dekonstruktion von Effizienzbestimmungen

Auch die Annahme des neuen Managements, dass die klassische verfahrensorientierte Arbeitsorganisation effizienter sei als Gruppenarbeit, ist eine soziale Konstruktion, die auf Vereinfachungen und problematisierbaren Zurechnungen basiert. Die Konstruktionsweise dieser Annahme ist jedoch schwerer aufzuzeigen, weil sie die zurzeit dominierende Sichtweise darstellt. Lediglich die aus den Unternehmen ausgeschiedenen Promotoren der Gruppenarbeit stellen die Effizienzannahmen des neuen Managements infrage. Sie versuchen nachzuweisen, dass die Wirtschaftlichkeitsberechnungen, die die Überlegenheit verfahrensorientierter Produktionsprozesse belegen, auf fragwürdigen Prämissen beruhen und lediglich der Legitimation zentralistischer Reorganisationsprojekte dienen.

Sowohl die Promotoren als auch die Gegner von Gruppenarbeitssystemen sind bei der sozialen Konstruktion von Effizienz- und Effektivitätsberechnungen nicht völlig frei. Das Prinzip der finanziellen Reproduktion ist ein Strukturmoment, das in Unternehmen nicht beliebig hintergangen werden kann. Aber – und das ist der zentrale Unterschied in der Herangehensweise von Befürwortern und Gegnern von Gruppenarbeit – das Wirtschaftlichkeitsprinzip ist nicht der »autonome Urgrund«, aus dem alle wirtschaftlichen und strategischen Handlungen nur abgeleitet werden müssen. Effizienz, Effektivität und Wirtschaftlichkeit sind zunächst einmal nur »Leerformeln«, die von den Akteuren, die ihr Handeln angeblich daraus ableiten, erst inhaltlich mit Leben gefüllt werden müssen.

6.2. Das Humanisierungsargument, machttheoretisch gewendet: Gruppenarbeit – eine problematische Tauschbörse für die Mitarbeiter

Der dominierende Strang der Literatur zur Gruppenarbeit betont, dass diese nicht nur Effizienzvorteile für die Organisationen mit sich bringe, sondern dass darüber hinaus auch eine höhere Arbeitszufriedenheit der Mitarbeiter erreicht werde. Schon die Studien im Rahmen des skandinavischen Programms »Quality of Worklife« stellten fest, dass durch Gruppenarbeit nicht nur die Produktivität gesteigert werden konnte, sondern dass die Mitarbeiter ihre Tätigkeiten auch interessanter und abwechslungsreicher fanden als die frühere Einzelarbeit (Lattmann 1972: 54). Auch in späteren Forschungen wurde »insgesamt davon ausgegangen«, dass »moderat bis hoch autonome Gruppenarbeit sich mittel- bis langfristig« förderlich auf »Arbeitsmotivation«, »Einstellung gegenüber dem Betrieb« und »soziale und kognitive Anwesenheitszeiten« auswirkt (Weber 1997: 41ff.). Damit stützt die Mehrzahl der wissenschaftlichen Untersuchungen die gängige Argumentation der Managementliteratur und -praxis, die besagt, dass durch die neuen Arbeitsstrukturen »Win-win-Situationen« oder »soziale Kompromisse zur Verbindung von Produktivitätsverbesserungen mit einer menschengerechten Arbeitsgestaltung« entstünden. Die Unternehmensführer profitierten von einer größeren Effizienz und Motivation der Mitarbeiter. Die Mitarbeiter bekämen interessantere Arbeitsaufgaben und die Möglichkeit, ihre unmittelbare Arbeitsumgebung mitzugestalten (Antoni 1996: 5).

Nur vereinzelt findet man Berichte über den Widerstand von Mitarbeitern gegen die Einführung von Gruppenarbeit. Erklärt wird der Widerstand aber in der Regel nur mit »defensiven Routinen« der Mitarbeiter. Gerade Mitarbeiter mit bisher engen Aufgabenzuschnitten zweifelten daran, dass sie ausreichende Qualifikationen für die ganzheitlichen Aufgaben in der Gruppenarbeit besitzen, und wehrten sich gegen die Aneignung neuer Tätigkeiten. In der häufig normativ aufgeladenen Literatur wird dann darauf verwiesen, dass diese Probleme mit den »defensiven« Mitarbeitern nicht struktureller Natur seien, sondern dass ihnen durch frühzeitige Information der Mitarbeiter und deren Einbindung in den Gestaltungsprozess, durch Qualifizierung der nicht teamfähigen Mitarbeiter und Schaffung von entsprechenden Einsatzmöglichkeiten begegnet werden könne. Widerstände, Konflikte, Konfrontationen und teilweise auch Stagnation seien in der Einführungsphase normal, würden sich aber angesichts der Vorteile, die die Gruppenarbeit für die Mitarbeiter bringe, im Laufe des Prozesses legen.

In den untersuchten Unternehmen schätzten auch die Promotoren der Gruppenarbeit diese Form der Arbeitsorganisation als für die Mitarbeiter sinnvoll und vorteilhaft ein. Bei Ladra hieß es beispielsweise, dass die Humanisierung des Arbeitsumfeldes ein weiteres Ziel aller Beteiligten gewesen sei. »Dadurch, dass die Mitarbeiter sich einbringen konnten«, so beispielsweise der ehemalige Betriebsrat des Unternehmens, »war es für alle Menschen erst mal positiv«. Diese Einschätzung wurde in zwei Unternehmen größtenteils auch von den wissenschaftlichen Begleitforschern geteilt.

Die Hoffnung, dass die Gruppenarbeit zu einer Humanisierung der Arbeitswelt und einer Stärkung der Position der Mitarbeiter führen würde, war auch ein Grund, weswegen die Gewerkschaften nach anfänglicher Skepsis besonders bei Jamus und Keymac die Gruppenarbeitsinitiativen der Unternehmen unterstützten. So ließ ein Vorstandsmitglied einer der großen Gewerkschaften des Landes bei einem Besuch in einem der Unternehmen verlauten, dass die »verfolgte Philosophie der auftragsgebundenen Inselfertigung und das dazugehörende Konzept der Fertigungsplanung und -steuerung« sehr interessant« sei. Es sei ein »sehr positives Beispiel« und ein »Schritt in Richtung Humanisierung der Arbeitsplätze« mit einem »gewissen Vorbildcharakter«. »Wir werden«, so der Gewerkschaftler abschließend, »noch des Öfteren hierher pilgern«.

Angesichts der positiven Einschätzung der Humanisierungseffekte durch das Management, die Begleitforscher und die Gewerkschaften überrascht es, dass die Mitarbeiter die Rücknahme der Gruppenarbeit nicht blockiert oder verhindert haben, in einem Unternehmen laut Aussage des Geschäftsführers angeblich sogar »sehr positiv« aufgenommen haben. Der fehlende Widerstand überrascht, weil gerade die an politischen Handlungskonstellationen interessierte Industriesoziologie darauf aufmerksam macht, wie schwer institutionalisierte Einfluss- und Machtstrukturen aufzulösen sind. Das Argument lautet, dass etablierte Machtstrukturen tendenziell änderungsresistent sind, weil jede Reorganisation das labile Machtgleichgewicht im Unternehmen durcheinanderbringen könnte.

Bei der Betrachtung des Humanisierungsarguments geht es um eine Reihe von machttheoretisch orientierten Forschungsfragen: Wie kommt es, dass die Mitarbeiter sich nicht gegen die Rücknahme der Gruppenarbeit wehren, obwohl in der Literatur unterstellt wird, dass sie durch diese Form der Arbeitsorganisation an Einfluss gewinnen? Welche neuen Unsicherheitszonen beherrschen die Mitarbeiter in der teilautonomen Gruppenarbeit, und welche verlieren sie gegenüber der klassischen tayloristischen Arbeitsorganisation? Wie werden die Machtverhältnisse in Organisationen durch die Umstellung von im Detail vorgegebenen Arbeitsschritten auf die Führung über Zielvereinbarungen beeinflusst?

Der Hybridcharakter der Macht und die Skepsis gegenüber der Gruppenarbeit

Mitarbeiter, die durch die von ihnen beherrschten Unsicherheitszonen in Bezug auf Kompetenzen, Umweltkontakte oder Weisungsrechte ihren Willen gegen andere durchsetzen können, verfügen über eine zentrale Quelle von Macht. Ein Mitarbeiter, der über hierarchische Weisungsrechte verfügt, mit wichtigen Kunden ein privilegiertes Verhältnis pflegt und darüber hinaus auch noch als einer der wenigen das komplizierte Produktionsplanungssystem beherrscht, hat zweifellos gute Chancen, seine Interessen durchzusetzen.

Eine andere – häufig übersehene – Quelle von Macht besteht in der Diskrepanz zwischen den faktischen Handlungsmöglichkeiten der Akteure und den offiziell formulierten Handlungsanforderungen an die Mitarbeiter. Handlungsmöglichkeiten gewinnen in mikropolitischen Spielen besonders dann an Wert, wenn die Handlungen nicht durch Arbeitsanweisungen, Regelwerke oder Stellenbeschreibungen eingeklagt werden können, sondern von den Akteuren als »freiwillige«, durch informale Tauschgeschäfte später zu vergeltende Leistungen eingebracht werden.

Dieser Punkt ist für den fehlenden Widerstand von Mitarbeitern gegen die Rücknahme von Gruppenarbeit zentral. In der Organisationstheorie wurde davon ausgegangen, dass der Erfolg von Organisationen in der modernen Gesellschaft darauf basiert, dass ein ausgefeiltes Regelwerk zur Koordination und Kontrolle der Organisationsprozesse zur Verfügung steht, an das sich die Organisationsmitglieder auch halten. Empirische Forschungen haben aber schon in der Mitte des zwanzigsten Jahrhunderts gezeigt, dass es eine große Diskrepanz zwischen den Blaupausen der Organisationen und den realen Arbeitsabläufen gibt. Dabei wurde festgestellt, dass es nicht das Ziel der Organisationen sein kann, Abweichungen von den Formalstrukturen möglichst zu reduzieren, sondern dass die Funktionsweise der Organisationen im Gegenteil maßgeblich davon abhängt, dass Abweichungen von der Formalstruktur akzeptiert werden. Das Arbeiten nach Plan würde jede Organisation zusammenbrechen lassen. Sie würde an ihrer eigenen Rigidität zerbrechen.

An dieser Stelle stoßen wir auf das »Paradox des Organigramms«: Offizielle Strukturen und formale Regeln generieren Probleme, weil sie nicht an alle Anforderungen des Alltagsgeschäfts angepasst werden können und deshalb abweichendes Verhalten nicht verhindern können (oder dürfen). Regeln, die eigentlich Unsicherheit in der Organisation reduzieren sollen, verlangen alltägliche Regelabweichungen, die wiederum neue Unsicherheit in die Organisation hineintragen. Die Stabilität, die dadurch entsteht, dass mit Regeln Fixpunkte geliefert werden, an denen sich Entscheidungen in der Organisation orientieren können, wird dadurch konterkariert, dass die Abweichungen von diesen Regeln immer schon mitbedacht werden müssen. Die organisatorischen Regeln verlangen eine Praxis, die die Regeln situativ anpasst und auch in der Lage ist, von ihnen abzuweichen, ohne sie aber insgesamt außer Kraft zu setzen.

Dass diese für die Gesamtorganisation funktionalen Abweichungen nicht in Form von »expliziten Abweichungsanweisungen« programmiert werden können, dafür lassen sich gute Gründe finden. Häufig sind die Ausnahmebedingungen nicht im Voraus so präzise definiert, dass sie in der Form von Regeln in den Ablauf eingepasst werden könnten. Teilweise würden zu explizite Abweichungsanweisungen der Ernsthaftigkeit der Grundregel auch Schaden zufügen. Deshalb wird häufig die stillschweigende Akzeptanz von Abweichungen vorgezogen. Manchmal müssten auch für die Formulierung von Abweichungsregeln so viele miteinander in Zwietracht liegende Instanzen der Organisation mobilisiert werden, dass es unwahrscheinlich scheint, dass eine solche Regel der Abweichung offiziell formuliert wird (vgl. Luhmann 2000: 265).

Die Bereitschaft, Regelabweichungen, die »im Sinne der Organisation« sind, durchzuführen, wird immer schon implizit von Mitarbeitern verlangt. Sie kann aber – und das ist die Besonderheit – nicht über die formalen Sanktionsmöglichkeiten der Hierarchie eingeklagt werden. Und genau aus dieser Diskrepanz zwischen offiziell vorgeschriebenen Handlungsverpflichtungen und real erwarteten Arbeitsanforderungen können auch hierarchisch niedrig gestellte Mitarbeiter Macht und Einfluss ziehen. Es entstehen wichtige Ressourcen, die auf den Tauschbörsen der Organisation gehandelt werden. Durch die Möglichkeit (und Notwendigkeit) der selbstständigen Kontrolle der Arbeitsausführung und durch die funktionale Umdefinition von Aufgaben – darauf hat David Mechanic (1962) bereits in den 1960er Jahren hingewiesen – entstehen faktische Einflussmöglichkeiten für vermeintlich »machtlose« Mitarbeiter.

Drohender Machtverlust für die Mitarbeiter durch die Umstellung von Konditional- auf Zweckprogrammierung

Dieser Einflussbereich der Mitarbeiter im wertschöpfenden Kern der Organisation wird, so meine These, durch eine teilweise Umstellung in den Programmen beschnitten. Organisationen schaffen über Programme Kriterien, mit denen Aussagen über die Richtigkeit von Entscheidungen getroffen werden können. Entscheidungsprogramme setzen voraus, dass immer erkennbar ist, ob sie befolgt oder nicht befolgt werden. Das bedeutet jedoch nicht, dass sie im Detail definiert sein müssen. Auch die Aufforderung »Sorge dafür, dass die Einheit am Ende mindestens 10 Prozent Umsatzrendite bringt« kann bei aller fehlenden Präzision als handlungsleitendes Entscheidungsprogramm verstanden werden.

James March und Herbert Simon (1958: 164ff.) unterscheiden zwei Arten von Programmen: Konditionalprogramme und Zweckprogramme. *Konditionalprogramme* sind »Wenn-dann-Programme« und schreiben den Organisationsmitgliedern beim Eintritt eines vorher definierten Stimulus bestimmte Verhaltensweisen vor. Wenn der Stimulus eintritt, wird erwartet, dass eine vorgeschriebene Handlungsabfolge in Gang gesetzt wird. In der Fließbandproduktion ist beispielsweise das Einlaufen eines vorher definierten Teils an einer Montageposition der Stimulus für die Ingangsetzung formalisierter und kodifizierter Handlungsfolgen. Konditionalprogramme verlangen von den Handelnden nicht die Suche nach eigenen Lösungen. Sie erzeugen in der Organisation ein hohes Maß an Berechenbarkeit (oder wenigstens die Illusion davon), weil sie auf Dauer und Wiederholung angelegt sind und ein regelmäßiges Entscheidungsverhalten beim Auftreten gleichartiger Stimuli erzeugen können (vgl. Luhmann 1969: 130).

Zweckprogramme dagegen sind an angestrebten Wirkungen orientiert. Sie geben lediglich die Ziele vor. Von den Organisationsmitgliedern wird erwartet, dass sie unter Berücksichtigung von Nebenbedingungen geeignete Mittel zur Erreichung der Ziele finden. Bei Zweckprogrammen wird beispielsweise nur ein zu erreichendes Leistungspensum definiert, und es wird den Mitarbeitern selbst überlassen, mit welchen Mitteln sie dieses Pensum erreichen. Im Vergleich zu Konditionalprogrammen sind Zweckprogramme zukunftsoffener, weil sie nicht im Voraus festlegen, mit welchen Mitteln auf welche Impulse reagiert werden muss (vgl. Luhmann 2000: 256ff.).

In Organisationen wird immer auf beide Programmtypen zurückgegriffen, aber je nach Umweltbedingungen, Managementstrategien oder Arbeitsorganisation werden diese Programmtypen unterschiedlich miteinander kombiniert. Mit der Einführung von Gruppenarbeit findet bei der Koordination der Arbeit im wertschöpfenden Kern eine punktuelle Umstellung von Konditionalprogrammen auf Zweckprogramme statt. In der Sprache der Praktiker wird diese Umstellung mit dem Spruch »Wir bekommen nicht mehr gesagt, wie wir arbeiten sollen, sondern welche Ergebnisse wir erzielen sollen« sehr genau auf den Punkt gebracht. Es zählt letztlich nur – um die bildliche Sprache eines ehemaligen deutschen Bundeskanzlers zu gebrauchen –, »was hinten herauskommt«.

Am sinnfälligsten wird die Umstellung von Konditional- auf Zweckprogrammierung bei der Führung über Zielvereinbarungen. Mit der Umstellung auf Gruppenarbeit in den drei Unternehmen wurde von den Mitarbeitern nicht mehr das Befolgen strikter Routinen verlangt, sondern nur noch das Einhalten der zu Wochen-, Monats- oder Jahresbeginn festgelegten Zielvereinbarungen. So wurde in einem Unternehmen zu Beginn jeder Woche in Absprache zwischen Auftragsplanung und Gruppe ein Auftragspool festgelegt, der von der Gruppe während der folgenden Tage abgearbeitet werden musste. Die interne Koordination, die Wahl der technischen Mittel und die Arbeitszeit, die für die Erreichung des Ziels eingesetzt werden muss, wurden im Rahmen von Vorgaben in das Ermessen der Gruppe gestellt. Auch das Qualitätsmanagement wird durch die Umstellung auf Zweckprogrammierung verändert. Bei einer Konditionalprogrammierung werden Optimierungsmöglichkeiten weitgehend über das betriebliche Verbesserungswesen erzielt, und die häufig technisch verfassten Routinen und Regeln werden entsprechend geändert. Bei einer Umstellung auf Zweckprogrammierung beziehen sich die zentral gelenkten Optimierungsmaßnahmen nur noch auf die Schnittstellen zwischen den Gruppen, dagegen wird die Verbesserung der gruppeninternen Arbeitsprozesse – also die Optimierung der Mittel – weitgehend der Gruppe überlassen, also nicht mehr unbedingt standardisiert und formalisiert; will heißen, im Rahmen kontinuierlicher Verbesserungsprozesse werden von den Gruppen Regelabweichungen förmlich erwartet, und diese Abweichungen werden von den Vorgesetzten gar nicht mehr wahrgenommen.

Wie verändern sich nun die Machtverhältnisse in Organisationen durch die Umstellung von Konditional- auf Zweckprogramme? Der erste Eindruck könnte sein, dass die Mitarbeiter in Gruppen- und Montageinseln an Einfluss gewinnen: Sie übernehmen Unsicherheitszonen, die vorher von den Meistern, der Arbeitsvorbereitung, Auftragsplanung, Qualitätssicherung oder Konstruktion beherrscht wurden. In den untersuchten Unternehmen nahmen die Gruppenmitglieder jedoch eine eher gespaltene Haltung zu dieser Frage ein. Bei Ladra wurde angemerkt, dass die Arbeitsaufgaben der Gruppen nicht so stark erweitert wurden, dass die Mitarbeiter eine stärkere Machtposition hätten einnehmen können. Bei Jamus, wo die Facharbeiter in der Fertigung wegen der komplexen Arbeitsabläufe auch schon unter traditionellen Arbeitsbedingungen Einfluss hatten, wurden zwar unmittelbar zu Beginn der Gruppenarbeit einfachere Abläufe bemerkt, aber insgesamt wurde ebenfalls nicht von einer Erweiterung des Handlungsspielraums berichtet. Bei Keymac sträubten sich besonders die Gruppen mit erfahrenen Facharbeitern in der mechanischen Fertigung gegen die Gruppenarbeit, weil sie keinen Vorteil für sich einsahen.

Diese Skepsis gegenüber Gruppenarbeit hängt damit zusammen, dass die Handlungsmöglichkeiten von Mitarbeitern bei Konditionalprogrammen stärker ausgeprägt sind, als es auf den ersten Blick erscheint. Zwar sind Konditionalprogramme ein guter Schutz des Managements gegen Kooperationsverweigerungen der Mitarbeiter, weil Verweigerungen sofort auffallen; sie bieten aber auch für die Mitarbeiter einen Schutz. Konditionalprogramme bedeuten sichere Rollen für die Beteiligten. Gerade der Umstand, dass bei Konditionalprogrammen alles, was nicht erlaubt ist, verboten ist, ermöglicht es den Mitarbeitern, sich Anforderungen zu entziehen. Jeder weiß, womit er rechnen muss, was er darf und was er nicht darf. Das bietet Schutz vor den Launen der Mächtigen in der Organisation, weil man sich immer auf die korrekte Regelbefolgung zurückziehen kann und von unbegrenzter Verantwortung und riskanten Entscheidungen entlastet ist.

Punktuelle Abweichungen von diesen Programmen und damit das Aufgeben dieses Schutzes konnten die Mitarbeiter als Trumpf auf den internen Machtbörsen einbringen. Die stark ausgefeilten Regeln, genauen Arbeitsanweisungen, bürokratischen Vorschriften, präzisen Arbeitszeitdefinitionen waren für die Mitarbeiter also nicht nur Restriktionen, sondern immer auch ein Verhandlungsgut mit Vorgesetzten, wenn Abweichungen von diesen Regeln notwendig wurden. Das mangelnde Interesse der Mitarbeiter an der Gruppenarbeit bzw. ihr Interesse an einer Rücknahme der Gruppenarbeit lässt sich, so meine These, damit erklären, dass die Einführung von Gruppenarbeit den realen Einfluss der Mitarbeiter unter dem Strich nicht erhöht hat. Zwar wurde den Mitarbeitern eine größere Kontrolle über Kundenkontakte zugestanden, aber sie verloren durch die Einführung neuer Arbeitszeitmodelle und die Orientierung an Zielvorgaben Verhandlungsmacht gegenüber dem Management. Die Möglichkeit und Bereitschaft der Mitarbeiter, über die festgelegte Kernarbeitszeit hinaus im Betrieb zu bleiben oder von den vorgeschriebenen Arbeitsprozessen abzuweichen, ging als Verhandlungsmasse gegenüber den Führungskräften verloren. Auch war es nicht mehr möglich, sich die Hinweise auf Fehler im Programm durch Vergünstigungen in anderen Bereichen vergüten zu lassen. Und auch Leistungszurückhaltung war nicht mehr in der gleichen Form möglich, weil es jetzt globale Zielvorgaben gab.

Übertragen auf ein berühmtes Beispiel der Soziologen Michel Crozier und Erhard Friedberg (1979: 63) aus der Tabakindustrie bedeutet dies, dass die Wartungsarbeiter nur deswegen so mächtig waren, weil sie über Konditional- und nicht über Zweckprogramme gesteuert wurden (bzw. werden mussten). Die Arbeitsanweisung für die Wartungsarbeiter war, beim Stimulus »Stillstand einer Maschine« die notwendigen Handlungsabläufe in Gang zu setzen. Das Spiel der Wartungsarbeiter bestand darin, so viele Probleme bei den Maschinen auftreten zu lassen, dass die Wartung als entscheidende Ungewissheitsquelle im Unternehmen wahrgenommen wurde, ohne dass aber die Wartungsarbeiter selbst der Unprofessionalität hätten bezichtigt werden können. Wenn die Programmierung an dieser Stelle von Konditional- auf Zweckprogrammierung umgestellt worden wäre (beispielsweise in Form von 98 Prozent Maschinenverfügbarkeit über das Jahr), hätten die Wartungsarbeiter zwar höhere Kompetenzen in ihrer Arbeitsorganisation bekommen, sie hätten aber die Unsicherheitszonen nicht mehr in der gleichen Form beherrschen können.

Der Blick auf den Hybridcharakter von Macht könnte eine Erklärung dafür liefern, weshalb die Einführung von Gruppenarbeit häufig gerade von Facharbeitern im Fertigungsbereich skeptisch beäugt wird. Facharbeiter haben aufgrund der Schwierigkeiten bei der Standardisierung von Fertigungsarbeiten und aufgrund ihrer Fähigkeit, damit umzugehen, in tayloristischen Arbeitsstrukturen starken informalen Einfluss. In Untersuchungen über Fertigungsbereiche in tayloristisch organisierten Maschinenbauunternehmen konnte gezeigt werden, dass die Facharbeiter dadurch Einfluss gewinnen, dass sie sich bereit erklären, die rigiden Arbeitsanweisungen flexibel zu handhaben, um die pünktliche Auslieferung der Maschinen zu gewährleisten, obwohl sie durch die Arbeitsanweisungen nicht zur Orientierung an dem Zweckprogramm verpflichtet waren. Mit der Einführung von Gruppenarbeit werden sie jedoch über Zweckprogramme auf Flexibilität in Abhängigkeit vom Auftragseingang und auf die pünktliche Fertigstellung eines Produkts verpflichtet. Ihnen droht, dass sie den ihnen früher zugestandenen informalen Flexibilitätsbonus verlieren.

Um das Argument zuzuspitzen: In der Hauptrichtung der Gruppenarbeitsforschung wird (mit guten Gründen) davon ausgegangen, dass der Widerstand der betroffenen Mitarbeiter besonders in solchen Unternehmen virulent wird, in denen lediglich eine »restriktive«, »strukturkonservative« oder »halbherzig umgesetzte« Form der Gruppenarbeit eingeführt wurde. Aus der in diesem Kapitel entwickelten Perspektive kann gefolgert werden, dass gerade in der »teilautonomen«, »strukturinnovativen« und »beherzt umgesetzten« Variante den Mitarbeitern allerdings durch ein auf Zweckprogrammierung basierendem Zielvereinbarungssystem die früher existierende Trumpfkarte »informale Flexibilität« aus der Hand genommen wird. Unter Machtgesichtspunkten scheint Gruppenarbeit für die Akteure in Fertigungs- und Montagebereichen also nur dann interessant zu sein, wenn nicht nur ihre formalen Handlungsmöglichkeiten erweitert werden, sondern ihre informalen Machtpotenziale durch die Bereitschaft zur funktionalen Regelabweichung nicht allzu stark untergraben werden. Bei der Umstellung von Konditional- auf Zweckprogrammierung ist dies aber offensichtlich eher die Ausnahme als die Regel.

6.3. Das fehlende Lock-in: Die Erosion von Gruppenarbeit

Eine zentrale Frage ist, weshalb die tayloristischen arbeitsteiligen Produktionsverfahren ein so starkes Beharrungsvermögen aufweisen und weshalb teilautonome Gruppenarbeit sich nur mit großen Schwierigkeiten als alternatives Rationalisierungskonzept etablieren kann. In der Regel wird darauf verwiesen, dass aktuelle Rationalisierungsstrategien auf historisch gewachsene Rationalitätsmuster in Form von bewährten Verfahrensweisen und eingeschliffenen Handlungsroutinen treffen. Diese tayloristischen Rationalitätsmuster haben sich in der Vergangenheit bewährt und erweisen sich deswegen als resistent gegen Veränderungen in Richtung auf ganzheitlichere Arbeitsformen.

Diese Überlegungen zielen in die gleiche Richtung wie Ansätze in der Organisationstheorie, die sich damit beschäftigen, weshalb sich Organisationen so resistent gegen Veränderungsversuche zeigen. Mit Begriffen wie »organisationale Trägheit« (Hannan/Freeman 1977), »defensive Routinen« (Argyris 1985), »funktionaler Konservatismus« (Child/Ganter/Kieser 1987), »Deadlocks« (Brunsson 1989), »Lock-ins« (Grabher 1993) und »Pfadabhängigkeit« (David 1986) wird zum Ausdruck gebracht, dass Entscheidungen sich immer auf vergangene Entscheidungen beziehen und der Handlungsraum dadurch eingeschränkt wird.

Trotz des negativen Beigeschmacks von Begriffen wie Trägheit, Lock-in oder defensive Routinen spielen diese Ansätze mit einer zentralen Ambivalenz von Organisationen. Festlegungen in Organisationen sind notwendig, weil dadurch überhaupt erst konsistentes Erkennen und Handeln möglich wird. Es besteht jedoch immer die Gefahr, dass sich die Organisationsmitglieder mit diesen Festlegungen zufriedengeben. Routinisierte Handlungsmuster, so der Grundgedanke, entlasten die Mitarbeiter von ständig wiederkehrenden Interpretationsleistungen. Sie sind somit für die Organisation funktional. Aber sie führen auch dazu, dass Organisationen sich in den bewährten Handlungsmustern verfangen und keine Offenheit mehr für Umweltveränderungen zeigen.

Die naheliegende, aber nur begrenzt neue Erkenntnisse produzierende Vorgehensweise wäre, die Klagen über das Beharrungsvermögen tayloristischer Produktionsverfahren mit den organisationstheoretischen Überlegungen zu struktureller Trägheit, Lock-ins oder Pfadabhängigkeit zu begründen. Man kommt so zu der Schlussfolgerung, dass der Pfad tayloristischer, arbeitsteiliger Produktionsverfahren so eng gezogen wurde, dass neue Ansätze sich nicht oder nur schwer etablieren können.

Diese dominante Perspektive behandelt das Thema Gruppenarbeit so, als wäre sie nie vollständig etabliert worden, sondern als würden sich ihre Promotoren immer noch an den etablierten Pfaden und defensiven Routinen der alten Organisationsform abarbeiten. Es wird darauf verwiesen, dass Gruppenarbeit nie im ganzen Unternehmen eingeführt worden sei, dass die Rahmenbedingungen wie Entgelt oder Arbeitszeit noch nicht angepasst worden seien und sich deswegen nur »Inseln der Gruppenarbeit« ausgebildet hätten, die durch die bestehenden »klassischen« Arbeitsformen bedroht würden. Probleme der Gruppenarbeit werden dann vorrangig als Einführungsprobleme und nicht als strukturelle Schwierigkeiten der dezentralen Organisationsform behandelt.

In diesem Kapitel soll die Frage jedoch anders gestellt werden: Wie kommt es, dass auf teilautonomer Gruppenarbeit basierende Produktionsverfahren sich nur so schwer als dominierender Pfad ausbilden und sich im Vergleich zu tayloristischen Produktionsverfahren nicht als Lock-in präsentieren? Wie lässt sich das Zurückfallen in tayloristische Arbeitsformen erklären, obwohl es doch nach dem Konzept der Entscheidungskorridore bei Reformen (fast) keinen Weg zurück gibt?

Diese Umkehrung der Fragerichtung erscheint mir aus zwei Gründen sinnvoll. Erstens ermöglicht sie es, die Schwierigkeiten bei der Etablierung von Gruppenarbeit auf strukturelle Merkmale dieses Produktionskonzeptes zurückzuführen und sie nicht nur mit mangelndem Commitment der Unternehmensleitung, Widerstand des mittleren Managements oder handwerklichen Fehlern erklären zu müssen. Zweitens bietet sie die Möglichkeit, die Diskussion über strukturelle Trägheit, Lock-ins und Pfadabhängigkeit um die Frage zu erweitern, weshalb sich bestimmte Organisationsstrukturen gerade nicht (oder nur sehr eingeschränkt) als festlegender Entscheidungskorridor darstellen.

Konditionalprogramme, Technisierung und Lock-ins

Das Konzept des Lock-ins und der Pfadabhängigkeit ist in der amerikanischen Technikforschung entstanden und wurde dann für die Anwendung auf organisatorische Phänomene generalisiert. Die Grundidee des Lock-ins und der Pfadabhängigkeit ist, dass sich nicht die jeweils effizienteste organisatorische Lösung durchsetzt, sondern dass Entscheidungen durch vorher getroffene Entscheidungen in einem Korridor oder auf einem Pfad festgelegt sind. Die QWERTY-Schreibmaschinentastatur, so das überstrapazierte Beispiel für Lock-ins, hatte nur bei ihrer Einführung Mitte des neunzehnten Jahrhunderts die sinnvollste Verteilung der Buchstaben, weil durch die nur suboptimale Tastaturanordnung die Schreibkräfte in ihrer Geschwindigkeit gebremst wurden und so das Verhaken der Typenhebel verhindert werden konnte. Obwohl das Verhaken von Typenhebeln angesichts von Computern und optimierten Schreibmaschinen heute kein Problem mehr darstellt und eine schreibergonomisch effizientere Form der Buchstabenanordnung sich anbietet, kommt es dennoch nicht zu einer Veränderung, weil die Investitionen in Form des Erlernens einer neuen Tastaturanordnung zu hoch wären (vgl. David 1985).

Die zentrale und in der Organisationssoziologie bisher ausgeklammerte Frage ist, inwiefern diese für technische Abläufe so einleuchtende Beschreibung auch für Prozesse in Organisationen insgesamt generalisiert werden kann. Bei der inneren Struktur einer technischen Maschine handelt es sich um eine Extremform von Konditionalprogrammierung: Ursachen und Wirkungen werden gleichzeitig festgelegt. Durch die feste Kopplung von Ursache und Wirkung laufen die Prozesse quasi automatisch ab und werden nicht mehr durch Entscheidungen unterbrochen. In einem technischen Prozess wird ein Input nur noch nach dem Zustand absoluter Identität oder absoluter Differenz unterschieden und dementsprechend ein vorher definierter Prozess in Gang gesetzt oder eben nicht. Auch soziale Systeme, so eine wichtige Ergänzung von Luhmann (1966: 36f.; 2000: 263, 370), können ganz ähnlich wie solche technischen Maschinen funktionieren, sofern von den beteiligten Menschen nur Routinehandlungen und keine Entscheidungen verlangt werden.

Techniken führen zu einer starken Pfadabhängigkeit, weil Konditionalprogrammierungen auf eine genaue Ausarbeitung von Wenn-dann-Bestimmungen angewiesen und diese Wenn-dann-Beziehungen nur sehr schwer aufzulösen sind. Techniken zeichnen sich durch Interdependenzen aus, bei denen es auf ein reibungsloses Ineinandergreifen der einzelnen Elemente ankommt. Werden Teile eines Konditionalprogrammes verändert, hat dies wegen der festen Kopplung automatisch Auswirkungen auf andere Elemente. Weil es sich dabei um sehr kritische und schwer zu berechnende Eingriffe in die Funktionsweise von Organisationen handelt, gibt es in Systemen, die auf Konditionalprogrammierung basieren, häufig die Maxime »Never touch a running system«.

Bei Konditionalprogrammen gibt es einen strukturell eingebauten Mechanismus, der zu einer Eigenstabilisierung der Programmstruktur führt. So erhöht beispielsweise die Nutzung einer Technologie aufgrund der damit verbundenen Investitionen in Produktionsplanungssysteme, Maschinen und Ausbildung von Personal die Wahrscheinlichkeit, dass diese Technologie weiterverfolgt wird. Die Investitionen in Produktionsplanungssysteme und Maschinen sowie die Ausbildung des auf die Konditionalprogramme ausgerichteten Personals stellen »sunk costs« dar, die die Veränderungsmöglichkeiten in einer Organisation einschränken (vgl. Hannan/Freeman 1977: 931f.).

Die Schwierigkeiten bei der Abkehr von tayloristischen Produktionskonzepten bestehen darin, dass diese Organisationsform stark auf Konditionalprogramme in Form von formalisierten Arbeitsprozessen, Techniken (Fließbandproduktion), im Detail programmierten Produktionsplanungssystemen und Arbeitsplatzbeschreibungen aufgebaut ist. Die große Bedeutung von Konditionalprogrammen für tayloristische Konzepte erschwert die Veränderung dieser Organisationsform, weil sehr hohe »sunk costs« auftreten.

Wie im vorigen Abschnitt dargestellt, finden bei der Einführung von Gruppenarbeit eine Lockerung von Konditionalprogrammen und eine teilweise Umstellung auf Zweckprogramme statt, und diese Veränderungen scheinen Auswirkungen auf die Stabilität der Gruppenarbeit zu haben.

Das Modell der Entscheidungsprämissen und die Bedeutungszunahme von Personal in der Gruppenarbeit

Welche strukturellen Veränderungen finden in einer Organisation durch die Einführung von Gruppenarbeit statt, und wie hängen diese strukturellen Veränderungen mit der leichten Erosion von Gruppenarbeit zusammen?

Das von Herbert Simon zuerst vorgeschlagene und dann von Niklas Luhmann weiterentwickelte Modell der Entscheidungsprämissen ist geeignet, um Organisationsstrukturen analysieren zu können, ohne dabei in das statische Organisationsverständnis des Strukturfunktionalismus abzurutschen. Über Entscheidungsprämissen, so der Grundgedanke Luhmanns, wird gewährleistet, dass die Entscheidungen in einer Organisation sich überhaupt aufeinander beziehen und somit die Reproduktionsfähigkeit der Organisation gesichert ist. Durch die drei Prämissentypen »Konditional- und Zweckprogramme« (z.B. Fließbandproduktion oder Steuerung über Zielvereinbarung), »Organisation der Kompetenzen und Kommunikationswege« (z.B. Hierarchien) und »Personal« (z.B. Einstellung nur von Juristen) wird der Kontingenzraum der Entscheidungen, mit denen in einer Organisation zu rechnen ist, eingeschränkt. Durch ein Fließband wird die Wahrscheinlichkeit erhöht, dass ein Auto auf dem Band montiert wird und die Karosserieteile nicht beliebig durch die Halle geschoben werden. Durch Hierarchien und Mitzeichnungsrechte werden Kompetenzen und Kommunikationswege festgelegt, und damit wird verhindert, dass jeder über alles entscheidet (bzw. entscheiden muss). Die Einstellung von Juristen erhöht die Wahrscheinlichkeit, dass Probleme vor Gericht und nicht durch einvernehmliche Einigung geklärt werden.

Luhmann (2000: 222ff.) hat darauf aufmerksam gemacht, dass die drei in Organisationen auftretenden Typen von Entscheidungsprämissen funktionale Äquivalente darstellen, und hat damit die Basis für ein auf Wandel ausgerichtetes Verständnis von Strukturen geschaffen. Die drei Arten von Entscheidungsprämissen können sich wechselseitig ersetzen. Wenn eine Organisation weniger Wert auf qualifiziertes Personal legt, werden voraussichtlich die Anforderungen an die Qualität der Entscheidungsprogramme und die Organisation der Kommunikationswege steigen. Wenn Hierarchien abgebaut werden, entsteht ein Druck dahingehend, dass das Personal besser qualifiziert sein muss oder die Programme treffsicherer gestaltet werden.

Die Einführung von Gruppenarbeit als organisatorisches Konzept stellt deswegen eine besondere Herausforderung dar, weil mit der Reduzierung von Konditionalprogrammierung und Hierarchiestufen zwei bewährte Ausprägungen der Prämissentypen, nämlich »Konditionalprogramme« und »Organisation der Kommunikationswege und Kompetenzen in Form von Hierarchien« in ihrer Bedeutung reduziert werden.[14] Dies führt dazu, dass die Entscheidungsprämisse »Personal« an Bedeutung gewinnt. Schon in der Forschung über die öffentliche Verwaltung wurde festgestellt, dass sich bei einer Zurücknahme rigider Konditionalprogramme und einer Schwerpunktverlagerung auf relativ offene Zweckprogramme die Personenmerkmale, professionellen Orientierungen und Entscheidungsstile von Führungskräften stärker auswirken (Koch 1993). In den untersuchten Unternehmen lässt sich eine parallele Entwicklung beobachten. Die beteiligten Akteure heben die nach Einführung der Gruppenarbeit gestiegene Bedeutung des »Personals« hervor. In dem Unternehmen, in dem noch Elemente von Gruppenarbeit zu beobachten waren, ließ sich ein besonderer Anstieg der Bedeutung des Prämissentyps Personal verzeichnen: In einer Mitarbeiterbefragung, die die Personalabteilung durchführte, wurde besonders die Bedeutungszunahme des Faktors Personal nach der Einführung der Gruppenarbeit angeführt.

Die Probleme der Entscheidungsprämisse Personal

Die zentrale Bedeutung der Entscheidungsprämisse Personal, so meine These, ist dafür verantwortlich, dass die Gruppenarbeit langsam und teilweise ohne Beschluss zur Aufhebung dieser Organisationsform erodieren kann. Bei Jamus hebt ein maßgeblicher Befürworter der Gruppenarbeit hervor, dass es anfangs gar keinen Beschluss zur Rücknahme der Gruppenarbeit gegeben hat: »Ganz sachte«, so der ehemalige Betriebsrat von Jamus, »ist es gegangen, ein bisschen [ist es] weggenommen worden.« Bei Ladra gab es ebenfalls lange Zeit keinen formalen Beschluss zur Rücknahme der Gruppenarbeit, sondern die Rehierarchisierung fand schleichend statt. Die Gruppensprecher, die in dem Unternehmen als Koordinatoren eine starke Position eingenommen sowie finanzielle und arbeitsorganisatorische Vergünstigungen erhalten hatten, sind dabei, so der Geschäftsführer, »mehr und mehr zum Meister geworden«. Auch bei Keymac lässt sich ein stillschweigendes Einschlafen der Gruppenarbeit beobachten. In einigen Fertigungs- und Montagebereichen wählen die Gruppen keinen Gruppensprecher mehr, es finden keine Gruppengespräche mehr statt, und man setzt eher auf eine Strategie des erfolgreichen »Durchwurstelns«.

Wie hängen die Betonung des Faktors Personal und die Erosion der Gruppenarbeit zusammen? Schon in der soziologischen Diskussion über Organisationslernen und Wissensmanagement ist implizit auf die Schwäche dieser Entscheidungsprämisse aufmerksam gemacht worden. Es wurde darauf hingewiesen, dass individuelles Lernen gerade von Top-Führungskräften für die Organisation eine wichtige Ressource darstellt, es aber wichtiger sei, ein organisatorisches Gedächtnis für das Erlernte zu schaffen. Das Problem des individuellen Lernens besteht darin, dass Erfahrungen nur schwer in den Geschäftsgang überführt werden können und dass das Erlernte bei einem Ausscheiden der Person für die Organisation verloren geht (Hedberg 1981).

Das »Paradox des Personals« besteht darin, dass die einzelnen Personen selbst nur schwer zu ändern sind und die Organisationsformen, die stark auf der Entscheidungsprämisse Personal beruhen, sehr instabil sind. Aufgrund des zirkulären Zusammenspiels von Selbst- und Fremdwahrnehmung ist die einzelne Person im Unternehmen, wenn überhaupt, nur sehr schwer umzustellen. Viele Personalentwicklungsmaßnahmen verpuffen, weil die Mitarbeiter sich dagegen wehren, als Person verändert zu werden (Kühl 2008: 153ff.). Wenn es aufgrund eines passenden Personalbestandes ein funktionierendes Team gibt, kann sich eine Veränderung dieser Zusammensetzung sehr problematisch auswirken, weil die Kooperationsbeziehungen nur begrenzt durch Programme und Hierarchien abgesichert sind.

Die in den untersuchten Unternehmen befragten Personen machten auf die Fragilität und Instabilität dieser Entscheidungsprämisse aufmerksam. Eine erste Beobachtung in den Unternehmen war, dass die Gruppenarbeit von einer breiten Bereitschaft der Mitarbeiter auf den verschiedenen Ebenen abhängt, an diesem Produktionskonzept mitzuwirken. Die Gruppenarbeit gerät leicht in Gefahr zu erodieren, wenn einzelne Akteure sich in Bezug auf dieses Konzept in Zurückhaltung üben. So war bei Jamus die fehlende Bereitschaft sowohl der Mitarbeiter in der Auftragssteuerung als auch der Meister, die Gruppenarbeit zu unterstützen, maßgeblich dafür verantwortlich, dass das Konzept erodierte. Ein ehemaliger Gruppensprecher berichtet: »Die Gruppenarbeit wurde schlichtweg dadurch unterlaufen, dass die Führungskräfte bei eiligen Aufträgen wieder die altbekannten Beschriftungen ›Totenkopf‹ oder ›Notfall‹ oder ›Flugzeug wartet‹ auf den Teilen anbrachten und damit die Selbststeuerung der Gruppen erschwerten.« Die Gruppenarbeit bei Keymac war in bestimmten Bereichen nicht mehr durchzusetzen, nachdem gerade erfahrene Facharbeiter mit dem Hinweis, dass das alles nichts bringe, keine Bereitschaft mehr zeigten, an Gruppengesprächen teilzunehmen. Der Qualitätsmanager: »Nicht in der Gruppe zu arbeiten ist für viele Mitarbeiter einfach. Die kommen am Morgen rein, wissen: Das ist mein Job, den mach ich, [...] und dann versuchen sie es zu machen, so einfach wie es geht, (und ihre) Verantwortung auf ein Minimum zu reduzieren [...]. Solange eine bestimmte Anzahl Mitarbeiter da ist, die so denken, und das nicht von außen in einen anderen Mechanismus geprägt wird, [...] werden (die) sich durchsetzen.«

Eine zweite Beobachtung war, dass das System der Gruppenarbeit bei Fluktuationen im Personalbestand extrem anfällig ist. Bei Ladra und bei Jamus führte die kritische wirtschaftliche Situation zu Entlassungen und damit teilweise zu einem Auseinanderreißen der existierenden Gruppen. Das mühsam austarierte Gleichgewicht wurde durcheinandergebracht, und in einigen Gruppen war seitens der Mitarbeiter wenig Bereitschaft vorhanden, wieder Koordinationsaufgaben wahrzunehmen. Bei Keymac lag die umgekehrte Situation vor. Die Einstellung neuer Mitarbeiter, aufgrund eines wirtschaftlichen Booms zwingend notwendig, wurde seitens der vorhandenen Belegschaft als problematisch für die Gruppenarbeit empfunden. Die schnelle Integration von neuen Mitarbeitern, Springern und Leiharbeitern führte teilweise zu Spannungen innerhalb der Gruppen und zur inneren Kündigung einiger etablierter Mitarbeiter.

Eine dritte Beobachtung war, dass zur Aufrechterhaltung der Gruppenarbeit eine permanente Investition in den Faktor Personal notwendig ist. Um Gruppenarbeit aufrechtzuerhalten, ist nach Ansicht der Promotoren dezentraler Unternehmensstrukturen ein permanenter Einsatz von Ressourcen notwendig. Der Unternehmensentwickler von Keymac: »Man hat sich zu früh zurückgelehnt und gesagt, die Gruppenarbeit funktioniert hier [...]. Man darf sich nicht einbilden: Ich habe jetzt Gruppenarbeit eingeführt, das funktioniert.« Gruppenarbeit, so der Tenor in allen drei Unternehmen, funktioniere nur, wenn Führungskräfte, Unternehmensentwickler und Berater permanente Personalentwicklung betrieben.

Einige Mitarbeiter kommentieren das Problem der starken Fokussierung auf den Prämissentyp Personal mit dem Verweis auf die »Unvollkommenheit des Menschen«. »Der Gedanke«, so beispielsweise ein Betriebsrat, »ist super, aber er ist nicht so zu praktizieren, wie man es auf das Papier schreibt. Es funktioniert nicht. [...] Es menschelt einfach zu viel.« Von einem Gesprächspartner wird ironisch zugespitzt die Hoffnung auf wissenschaftliche Fortschritte in der Humangenetik geäußert: »Die Gruppenarbeit mag funktionieren, wenn die Genforschung weiter ist.«

Das gespaltene Lock-in der Gruppenarbeit

In Bezug auf Gruppenarbeit lässt sich ein gespaltenes Lock-in beobachten. Einerseits scheint sie sich als Organisationskonzept so zu etablieren, dass es für das Management schwierig ist, sich offiziell nicht zu irgendeiner Form der Gruppen- und Teamarbeit zu bekennen. Im Gegensatz zu anderen Leitbildern wie »Lean Management«, »Business Process Reengineering«, »Kaizen« oder »Total Quality Management« scheint das Konzept der Gruppenarbeit nicht den üblichen Halbwertzeiten der Managementdiskurse zu unterliegen. Andererseits prägt sich in der organisatorischen Praxis kein derartig zwingender Pfad aus, dass Organisationen ihn nur schwer wieder verlassen könnten. Der Entscheidungskorridor, der durch die Einführung der Gruppenarbeit gezogen wird, scheint recht schwache Grenzen zu haben. Durch dieses gespaltene Lock-in verschärft sich die in Organisationen häufig zu beobachtende Diskrepanz zwischen der Außendarstellung und der von den Mitarbeitern wahrgenommenen internen Betriebsrealität.

6.4. Das erfolgreiche Scheitern von Gruppenarbeitsprojekten

Eine naheliegende Reaktion auf all dies wäre, wenigstens zwei der drei untersuchten Gruppenarbeitsprojekte als gescheitert zu betrachten. Bei Ladra und bei Jamus verfügen die Gruppen faktisch über keine Autonomie mehr in Bezug auf Auftragssteuerung, Auftragsplanung, Instandhaltung, Logistik, Qualitätssicherung und Personalplanung. Teilweise wurden sie komplett aufgelöst. Für viele Mitarbeiter gerade in der Produktion ist die versuchte Einführung der Gruppenarbeit eine Episode, an die sie nicht mehr erinnert werden wollen. Aber diese Auffassung würde von der oben infrage gestellten zweckrationalen Sicht auf die Gruppenarbeitsprojekte ausgehen. Man würde die Gruppenarbeit unter dem Kriterium eines Erfolg versprechenden Mittels zur Steigerung der Effizienz und Effektivität der Unternehmen betrachten und die Nichtdurchsetzung der Gruppenarbeit als Scheitern dieses Mittels ansehen.

Statt die Gruppenarbeitsprojekte in verkürzter Weise für gescheitert zu erklären, soll hier vielmehr vorgeschlagen werden, sie als erfolgreich gescheiterte Reorganisationsmaßnahmen zu begreifen. Schon in den Forschungen über ineffiziente und ineffektive Organisationen, die in Nischen des Wohlfahrtsstaates überleben können, wurde herausgearbeitet, dass ihr Erfolg damit zusammenhängt, dass sie in der Lage sind, die widersprüchlichen Anforderungen der Umwelt intern abzubilden und die Unterstützung von wichtigen Interessengruppen zu mobilisieren (siehe Meyer/Zucker 1989 und im Anschluss Seibel 1991 und Seibel 1992). Diese Einsichten in die Funktionsweise von erfolgreich scheiternden Organisationen sind auch auf Unternehmen in der Marktwirtschaft übertragbar. Auf zwei Effekte sei nur kurz hingewiesen:

Erstens war zu beobachten, dass sich die Geschäftsführung jedenfalls in zwei Unternehmen durch das Gruppenarbeitsprojekt wichtigen Spielraum verschaffen konnte. Mit der Ankopplung an die damals aktuell werdenden dezentralen Produktionskonzepte gelang es den Geschäftsführern, die Holdings davon zu überzeugen, nochmals erhebliche Investitionen in die defizitären Unternehmen zu stecken. Dieses Geld wurde dann nicht nur in die Umstellung der Produktionsform, sondern auch in die Anschaffung neuer Maschinen investiert. Im Rahmen des Gruppenarbeitsprojektes, so ein Mitarbeiter des einen Unternehmens, »wurden Maschinen gekauft wie bei anderen ein Sack Kartoffeln«. Die Unternehmen konnten mit dem Verweis, dass die einsetzenden Effizienzsteigerungen auf Gruppenarbeit zurückzuführen seien, eine schwierige Phase überstehen. Als die Konjunktur wieder anzog, interessierte sich der Vorstand der Holding nur am Rande dafür, ob die verbesserten Zahlen tatsächlich auf die neuen Produktionskonzepte oder eher auf die veränderten Marktbedingungen zurückzuführen waren.

Zweitens zeigte sich, dass die Einführung der Gruppenarbeit gerade für die Unternehmen, die mit der Automobilindustrie zusammenarbeiteten, ein zusätzliches Verkaufsargument darstellte und zu einer Verbesserung der Absatzchancen im Kernmarkt führte. »Die Gruppenarbeit«, so der ehemalige Betriebsrat eines Unternehmens, »war sicherlich nach außen ein Aushängeschild.« »Ich denke«, so der ehemalige Betriebsrat eines anderen Unternehmens, »das muss man schon ehrlicherweise sagen, dadurch, dass der Name Jamus in aller Munde war, ist vielleicht indirekt, unbewusst, der ein oder andere Kunde bei uns geblieben oder auch der ein oder andere neu dazugekommen.«

Durch den Hinweis auf diese Aspekte der erfolgreich gescheiterten Gruppenarbeitsprojekte soll nicht durch die Hintertür ein jetzt umfassenderer Begriff von Zweckrationalität eingeführt werden. Es ist eine banale Einsicht, dass die Aufrechterhaltung der Zahlungsfähigkeit ein zentrales Überlebenskriterium für Organisationen im Allgemeinen und Unternehmen im Besonderen darstellt. Aber – und diese Erweiterung ist wichtig – die Aufrechterhaltung der Zahlungsfähigkeit ist ein Kriterium unter anderen und nicht *das* Kriterium, an dem alle Handlungen in der Organisation sich orientieren oder anhand dessen sie zu beurteilen sind. Das Streben nach Gewinn stellt ein »constraint« – eine notwendige Bedingung – und kein »objective« – übergeordnetes Ziel – dar. Auch wenn das Streben nach finanzieller Reproduktion im Diskurs der Unternehmen eine zentrale Rolle spielt, so existiert in den Unternehmen doch ein sich permanent veränderndes Gemisch aus Zwecken, Zielen, Werten und Interessen.

Diese Differenzierung ermöglicht es, die Einführung und Rücknahme der Gruppenarbeit auch unter ganz anderen Gesichtspunkten zu beobachten als nur unter der Steigerung von Effizienz oder Ineffizienz. Sie eröffnet den Blick dafür, dass, auch wenn sich (aus Sicht von einigen Managern und Mitarbeitern) die erhofften unmittelbaren Effizienz- und Effektivitätsgewinne durch die Gruppenarbeit nicht eingestellt haben, diese Reorganisationsprojekte doch einen, wenn auch nur begrenzt intendierten und geplanten, Beitrag zum Überleben der Unternehmen geliefert haben. Sowohl das Einräumen einer Gnadenfrist und die Bewilligung zusätzlicher Investitionsmittel als auch die Wirkung der neuen Organisationsform als zusätzliches Verkaufsargument waren weitgehend ungewollte Nebenfolgen, die zum Überleben der Unternehmen beitrugen.

7.
Innovation trotz Imitation

»Die meisten Nachahmer lockt das Unnachahmliche.«
Marie Freifrau von Ebner-Eschenbach

Es gibt einleuchtende Gründe für einen Manager, sich an die jeweils herrschenden Leitbilder von »erfolgreicher Organisation«, »gutem Management« und »effizienter Organisationsführung« anzupassen. Die Leitbilder befreien den Manager von Begründungszwängen und minimieren sein Risiko, für eine falsche Entscheidung verantwortlich gemacht zu werden. Wenn sich beispielsweise ein Manager in Zeiten, in denen dezentrale Organisationsstrukturen en vogue sind, für eine stark arbeitsteilige, tayloristische Fertigungsform entscheidet, dann hat er einen Erklärungsbedarf – selbst dann, wenn das Unternehmen wirtschaftlich erfolgreich ist.

Häufig ist es Entscheidern aufgrund der Komplexität der Entscheidungslage nicht möglich, rationale Entscheidungen im Hinblick auf effiziente Wertschöpfungsprozesse zu fällen. Sie wägen im Entscheidungsprozess häufig nur wenige Alternativen gegeneinander ab und sie versuchen nicht, alle Konsequenzen jeder Entscheidungsvariante im Detail zu durchdenken, sondern sie orientieren sich an Vorstellungen von Angemessenheit (vgl. March 1994: 100ff.). Statt in aufwändigen Diskussions- und Entscheidungsprozessen neue und begründungspflichtige Wege zu entwerfen, orientieren sich die Entscheider an dem, was in der Umwelt – also beispielsweise bei Kunden, Konkurrenten, Zulieferern, Wissenschaftlern, politischen Instanzen und Medien – als angemessene Vorgehensweise begriffen wird. Viele Regeln, Stellen, Verfahrenshinweise und Programme existieren nur deswegen, weil sie aus der Sicht der Umwelt als erfolgreich, rational und modern gelten. Ob sie wirklich zu effizienteren internen Abläufen führen, wird in den Entscheidungsprozessen häufig nicht überprüft.

Paul J. DiMaggio und Walter W. Powell (1983) haben diese Tendenz zur Anpassung an die Erwartungen der Umwelt als »Isomorphie« bezeichnet. Damit beschreiben sie den Prozess, der eine Organisation dazu veranlasst, sich anderen Organisationen anzugleichen, die im gleichen Feld oder in ähnlichen Feldern aktiv sind. Der Mechanismus, der neben der Anpassung aufgrund von (rechtlichen) Zwängen und normativem Druck dabei besonders hervorsticht, ist aus ihrer Sicht die Imitation. Auf die Unsicherheit darüber, was der richtige Weg sein könnte, reagieren Organisationen mit Mimesis. Sie kopieren die Organisationen, die im eigenen Feld als besonders erfolgreich gehandelt werden.

Dadurch können Organisationsforscher sehr gut erklären, warum sich Organisationen in einem Feld stark ähneln. Europäische Unternehmen orientieren sich am Vorbild von vermeintlich besonders erfolgreichen US-amerikanischen Konkurrenten. Große Expertenberatungsfirmen definieren, wie eine effiziente Organisation auszusehen hat, und veranlassen Kunden, diesen Modellen zu folgen. Unternehmen in stark unsicherheitsbelasteten Reorganisationsprozessen orientieren sich an den Konkurrenten, die in der Branche als »Best-Practice-Unternehmen« gehandelt werden.

So gut mit der Kategorie der Isomorphie die Diffusion der Vorstellungen von »gutem Management« zu beschreiben ist, so schwer fällt es jedoch, Innovationen, Wandel und Veränderung von Organisationsleitbildern damit zu erklären. In dem Maße, wie die Wirkung von Vorgaben an sehr prominenter Stelle behandelt wird, wird die Frage der Entstehung und des Wandels von Institutionen vernachlässigt (siehe die Kritik von Strang/Meyer 1993: 503ff.).

Die Frage ist also: Wenn es stimmt, dass organisatorische Strukturen nicht einfach zu beliebigen anderen Strukturen verändert und Anpassungen an die Umwelt nicht nach Kriterien der Effizienz gestaltet werden können, wie kommt es dann überhaupt zu Veränderungen in Organisationsleitbildern? Oder anders ausgedrückt: Wenn das strategische Handeln von Akteuren im Vergleich zum Druck durch Isomorphie eine untergeordnete Rolle spielt, wie befreien sich dann die Organisationen aus dem stahlharten Gehäuse der Institutionen und führen Variationen ein?

Ziel dieses Kapitels ist es, ein Argument dafür zu entwickeln, weshalb es trotz des Homogenisierungsdrucks in Organisationen zum Wandel von Organisationsleitbildern kommt. Die These lautet, dass Organisationen zunehmend »Organisationsstrukturen als Marketinginstrument« einsetzen und dass aus diesem Grund Isomorphiestrategien häufig so ablaufen, dass die Vorstellungen von »guter Organisation« in der eigenen Organisationspraxis noch durch eigene Innovationen oder Variationen überboten werden.

Im ersten Teil (Abschnitt 7.1.) wird aufgezeigt, welche Probleme die Trennung der Schauseite von der Realität von Organisationen mit sich bringt, aber auch, welche Funktionen sie erfüllt. Im zweiten Teil (Abschnitt 7.2.) wird gezeigt, dass Veränderungen in der Organisationsstruktur häufig auch mit dem Ziel vorgenommen werden, die Organisation nach außen hin als modern und rational zu präsentieren. Die an aktuelle Managementleitbilder angepasste Organisationsstruktur wird dabei von einigen Organisationen immer stärker auch als Instrument des Produktmarketing eingesetzt. Im dritten Teil (Abschnitt 7.3.) wird das Modell einer »Imitation plus« entwickelt. Dahinter steht die Annahme, dass die in einem organisatorischen Feld herrschenden Vorstellungen von rationaler, effizienter Organisation durch die verschiedenen Unternehmen nicht einfach kopiert werden, sondern dass bei der Anpassung an die im Feld herrschenden Vorstellungen Variationen eingeführt werden. Zusammenfassend wird im vierten Teil (Abschnitt 7.4.) argumentiert, dass zwei unterschiedliche, häufig auch widersprüchliche Anforderungen an Organisationen herangetragen werden. Die erste Anforderung besteht darin, die Vorstellungen von rationalem Management, die in einem organisatorischen Feld herrschen, zu kopieren, um so die eigene Legitimität zu erhöhen.

Die zweite Anforderung besteht darin, nicht als Organisation aufzutreten, die anderweitig vorgenommene Organisations- oder auch Produktinnovationen lediglich kopiert, sondern auch eigenständige Innovationen vorzunehmen. Aus diesem Spannungsfeld heraus entsteht eine Dynamik, die zu einer hohen Variabilität organisatorischen Talks führen kann, aber auch zu einer Vielzahl von praktizierten organisatorischen Mustern.[15]

7.1. Vom Nutzen und Schaden des schönen Scheins

Doppelte Wirklichkeit – mit diesem prägnanten Begriff macht der Soziologe Friedrich Weltz (2011: 67ff.) darauf aufmerksam, dass es in Organisationen zwei Ebenen der Realität gibt: eine aus ausgewiesenen Regeln, festgelegten Abläufen und festgeschriebenen Strukturen bestehende »offizielle Wirklichkeit« und eine »praktizierte Wirklichkeit«, die sich quasi »hinter den festgelegten Verfahren« vollzieht. Die praktizierte Wirklichkeit, also die tatsächlichen Kooperations- und Arbeitsweisen, weichen zum Teil erheblich von den offiziellen Arbeitsanweisungen, Dienstwegen, Organisationsplänen, Verfahrensvorschriften und fixierten Regelungen ab.

Mit dem eingängigen Begriff der doppelten Wirklichkeit legt Weltz – ähnlich wie der soziologische Neoinstitutionalismus und die systemtheoretische Organisationsforschung – seinen Finger in eine Wunde sowohl der kritischen Managementforschung als auch der Arbeits- und Industriesoziologie. Er wies daraufhin, dass Letztere sich zwar kritisch an den plakativen Selbstbeschreibungen der von ihr untersuchten Unternehmen und Verwaltungen abarbeitet, ohne jedoch zu erkennen, dass die »praktizierten Wirklichkeiten« in den Unternehmen mit den modischen Rationalisierungskonzepten häufig nur lose gekoppelt seien.

Die kritische Managementforschung und die Arbeits- und Industriesoziologie scheinen aus dieser Perspektive einen ähnlichen blinden Fleck zu haben wie die rationalistischen Hauptströmungen der Management- und Betriebswirtschaftslehre. Die laut propagierten Rationalisierungskonzepte werden mit der Betriebsrealität verwechselt, und die eigentlich sehr eingängige Unterscheidung zwischen formaler und informaler Organisation bleibt für die empirische Forschung weitgehend folgenlos. Der Unterschied zwischen den beiden Herangehensweisen liegt aus dieser Perspektive dann lediglich darin, dass die klassische Managementforschung und die Betriebswirtschaftslehre sich positiv auf die Rationalisierungskonzepte beziehen, während die kritische Managementforschung und die Arbeits- und Industriesoziologie aufgrund ihrer Arbeitnehmerorientierung kritische Anfragen an diese Rationalisierungskonzepte richten.

Bei aller Brillanz seiner Beobachtungen und aller Schärfe seiner Kritik hat sich aber auch Friedrich Weltz einen blinden Fleck eingehandelt, indem er die Diskrepanz zwischen Außendarstellung und Betriebsrealität als *Problem* behandelt und die *Funktionalität* der Diskrepanz zwischen der Schauseite einer Organisation und der Organisationsrealität übersieht. Friedrich Weltz beispielsweise verband die Beobachtung einer Diskrepanz zwischen »offizieller Wirklichkeit« und »praktizierter Wirklichkeit« mit der Forderung nach einem höheren Maß an Authentizität. Er beklagte die doppelte Moral in Organisationen. Jeder wisse, dass es die andere »unmoralische Welt gebe«, und jeder partizipiere an ihr – und tue doch so, als gäbe es sie nicht. Bei Wirtschaftlichkeitsrechnungen beispielsweise wisse häufig jeder, dass diese mit der Realität nichts zu tun hätten, und doch würden sie in den innerbetrieblichen Aushandlungsprozessen für bare Münze genommen. Es komme angesichts der großen Diskrepanzen darauf an, diese beiden Wirklichkeiten näher aneinanderzurücken, um so Verständigungsprozesse im Unternehmen voranzutreiben (Weltz 2011: 67ff.).

Lernschwäche: Schwierigkeiten mit der doppelten Wirklichkeit von Unternehmen

Der Haupteinwand, der besonders aus der psychologischen Organisationsforschung gegen die Diskrepanz zwischen »sonntäglichem Reden« und »konkretem Handeln der Führung« vorgebracht wird, besagt, dass der auf diese Weise entstehende Zynismus sich für die Organisation negativ auswirke. Mitarbeiter würden neue Initiativen des Managements nur noch als modische »Kultur des Monats« verspotten und mit Demotivation reagieren (siehe z.B. Bartlett/Ghoshal 1995). Als besonders problematisch wird dabei angesehen, dass eine Diskrepanz zwischen Außendarstellung und Betriebsrealität Lernprozesse behindern könne. Eine rationale und schlüssige Präsentation des Unternehmens nach außen könne es erschweren, interne Probleme anzusprechen.

In einem Vorreiterunternehmen – nennen wir es Tomolus – wurde ganz in diesem Sinne berichtet, dass die starke öffentliche Werbung mit den eigenen Gruppenarbeitsmodellen dazu geführt habe, dass sich intern Schweigezirkel ausgebildet hätten. Weil in Fachveranstaltungen gegenüber externen Besuchern das Motto »Wir sind alle Spitze« ausgegeben wurde, sei es dazu gekommen, dass eigene Schwächen kaum noch offen angesprochen werden konnten. Die strukturellen Probleme der Gruppenarbeit wurden wegen der Prominenz in der Außendarstellung so lange tabuisiert, bis das Rumoren der Mitarbeiter auch für das leitende Management nicht mehr zu überhören war.

In einem anderen Vorzeigeunternehmen – nennen wir es Gigolo – wurde von Mitarbeitern die These aufgestellt, dass die sehr dominante Außendarstellung der Geschäftsführerin sicherlich Nutzen mit sich bringe, dass sich aufgrund ihrer Selbstgewissheit jedoch Lernschwierigkeiten für die Firma einstellten. »Viele Mitarbeiter«, so berichtete beispielsweise der Qualitätsbeauftragte, »haben immer ein Problem damit gehabt. Das, was sie nach außen vertritt, das, was sie erzählt, war nicht die Realität, die ich alltäglich erlebe. Es war eine Differenz da. Das hat mich eine ganze Zeit belastet. Weil ich sagte: Die erzählt irgendwas, das ist doch gar nicht so. Was soll das?« Die Einsicht in die tieferen Ursachen hätten ihm dann aber ermöglicht, diese Diskrepanz entspannter zu sehen: »Dann habe ich mich mit einer Psychologin unterhalten und die meinte dann: Trommeln gehört zum Handwerk. Seitdem differenziere ich. Sie soll nach außen erzählen, was sie will. Ist mir egal. Ich kenne meine Realität und das ist meine.« Schwierigkeiten ergaben sich jedoch dadurch, dass die Geschäftsführerin an das glaubte, was sie verkündete. »Das Problem ist, die Geschäftsführerin Frau Meyer erzählt es nach außen und sie glaubt es auch noch, dass es so ist. Das ist das große Problem. Und viele Mitarbeiter, die sie in irgendeiner Talkshow erleben, sagen: ›Was hat sie denn da wieder erzählt, ist ja lustig.‹ Teilweise erzählt sie auch von Sachen, die wussten wir ja gar nicht, dass es so ist hier. Ist das hier so? Das sind zwei Realitäten.«

Das Problem scheint darin zu bestehen, dass die Außendarstellung für Teile des Managements zunehmend an Bedeutung gewinnt und Führungskräfte sich immer stärker daran binden. Interne Kritik wird als Nestbeschmutzung gewertet. Es entsteht ein Effekt, den Friedrich Weltz (2011: 169ff.) passend mit dem Wort »Lernschwäche« beschrieben hat. Der Druck, die Plausibilität der eigenen Außendarstellungen aufrechtzuerhalten, führt dazu, dass Scheinerfolge als wirkliche Erfolge präsentiert werden und Sicherheit durch Sicherheitsmythen ersetzt wird.

Bei Tomolus und Gigolo entstand die Lernschwäche insbesondere dadurch, dass aufgrund der mittelständischen Struktur der Unternehmen die Funktion der stringenten und schillernden Außendarstellung mit der Funktion des operativen Managements zusammenfiel. So lautete interessanterweise die Forderung vieler Mitarbeiter in den beiden Unternehmen nicht, dass das Management jetzt »mal ehrlich« über das Unternehmen berichten sollte, sondern die Wünsche konzentrierten sich darauf, dass das für die Außendarstellung zuständige Management sich aus dem operativen Geschäft stärker heraushalten solle. In einem dritten Unternehmen, nennen wir es Belzano, stellte eine Mitarbeiterin des Marketing fest, dass der Chef zwar »ein Spielkind, ein Überflieger ohne Liebe zum Detail« sei, dass aber in einer bestimmten Unternehmenseinheit das Geschäft trotzdem läuft, weil sich der Chef nur auf die Außendarstellung beschränke. »Das funktioniert, weil Schmidt (der Geschäftsführer) sich heraushält.« Wenn er sich, wie in einem anderen Unternehmensteil, in das operative Management einschaltet, wird die Diskrepanz zwischen Außendarstellung und Betriebsrealität sofort zum Problem. »Wenn er bei Cinco (dem Betriebsteil, in dem er als operativer Manager tätig ist) nicht mitmischen würde, liefe der Laden besser, wenn er bei uns (Avda) mehr mitmachen würde, dann Gnade uns Gott.« Bei Gigolo wird angeführt, dass eine größere Distanz zwischen der Präsentation nach außen und interner Betriebsrealität hilfreich wäre. »Die Geschäftsführerin müsste mal zwei Jahre auf eine Insel, wo sie uns nicht erreichen könnte. Ich wäre«, so der Verkaufsleiter, »absolut überzeugt, es würde Ruhe einkehren, der Betrieb würde genauso gut laufen [...] wir könnten uns endlich mal organisieren – untereinander. Sie müsste einfach mal für ein Jahr weg, damit wir unter uns das Unternehmen stabilisieren, organisieren.« Der Qualitätsbeauftragte ergänzt: »Sie soll das ruhig machen, sie ist rhetorisch bombenmäßig. Sie soll Vorträge halten ohne Ende. Und es gefällt ihr auch ein bisschen, Selbstdarstellung. Aber sie müsste es hier im Unternehmen ein bisschen anders ordnen.«

Im Gegensatz zu dieser Vermischung von Außendarstellung und operativem Geschäft in mittelständisch organisierten Unternehmen hält in Großorganisationen das für die Außendarstellung zuständige Management Distanz zur alltäglichen Organisationsrealität vor Ort. Diese Distanz reduziert das Risiko, dass das Management für das in der Außendarstellung Gesagte vor Ort verantwortlich gemacht wird und sich damit gezwungen sieht, die Betriebsrealität an die Außendarstellung anzupassen. Durch die Möglichkeit zur zeitlichen, organisatorischen und thematischen Entkopplung von Gerede, Entscheidungen und Handlungen können Inkonsistenzen organisationsintern besser aufgefangen werden, als das in mittelständischen Unternehmen der Fall ist (siehe dazu Brunsson 1989: 34ff.; 221f.).

Die Entmoralisierung der Auseinandersetzung über die doppelte Wirklichkeit

Das Verdienst des soziologischen Neoinstitutionalismus (siehe dazu Meyer/Rowan 1977: 340ff.) und der systemtheoretischen Organisationsforschung (siehe dazu Kühl 2011: 136ff.) ist, dass sie, anders als die kritische Managementforschung und die Arbeits- und Industriesoziologie, die Debatte über die Diskrepanz zwischen Außendarstellung und von den Mitarbeitern wahrgenommener Organisationsrealität entmoralisiert haben. Die doppelte Wirklichkeit in Organisationen wird nicht mehr vorrangig als Defekt verstanden, aus dem die Forderung abzuleiten ist, ein höheres Maß an Authentizität herzustellen. Vielmehr wird der Fokus darauf verlagert, welche Funktionalität die Ausbildung einer von der intern wahrgenommenen Organisationsrealität entkoppelten Außendarstellung hat.

Organisationen werden mit widersprüchlichen Anforderungen und Normen konfrontiert. Sie müssen nicht nur die technischen Anforderungen erfüllen und beispielsweise mehr oder minder gut funktionierende Autos, Kochtöpfe oder Softwareprogramme herstellen, sondern sie müssen häufig auch von ihrer Umwelt an sie herangetragene politische, rechtliche, wirtschaftliche und wissenschaftliche Legitimationsanforderungen befriedigen. Das Problem ist nun, dass die häufig auch noch widersprüchlichen Anforderungen aus der institutionellen Umwelt in der Regel nicht mit einer stromlinienförmigen Produktion vereinbar sind. Forderungen nach umweltverträglicher Produktion, Rationalisierungsforderungen der Aktionäre oder das Verlangen nach einer den neuesten Managementmoden entsprechenden Produktionsstruktur müssen von der Organisation ernst genommen werden, behindern aber häufig eine effiziente, stromlinienförmige Produktionsorganisation (siehe zusammenfassend Brunsson/Olsen 1993: 8f.).

Organisationen reagieren auf diese widersprüchlichen Anforderungen dadurch, dass sie ihre internen Kernstrukturen und -prozesse, die die alltägliche Produktion sicherstellen, von den von außen wahrnehmbaren Oberflächenstrukturen entkoppeln. Diese Entkopplung verschafft den Organisationen letztlich die nötige Freiheit, um trotz der an sie herangetragenen widersprüchlichen Erwartungen handlungsfähig zu bleiben. Sie können die legitim erscheinende und an die institutionellen Umwelten angepasste Schauseite aufrechterhalten *und* parallel die alltäglichen Aktivitäten an den konkreten Anforderungen ausrichten, um eine funktionierende Produktion sicherzustellen.

Nils Brunsson (1989; 1993 und 2003) spitzt den Gedanken der Entkopplung zu, wenn er »Scheinheiligkeit« bzw. »Heuchelei« als notwendige Strategien jeder Organisation bezeichnet. Die Notwendigkeit, neben Produkten immer auch politische, wissenschaftliche oder rechtliche Legitimationen herzustellen, führt zu Diskrepanzen zwischen dem, was nach außen hin geäußert wird, den Entscheidungen und den Handlungen. Handlungen in Organisationen sind nur locker mit dem verbunden, was an Entscheidungen getroffen wurde, sowie mit dem, was über die Organisation erzählt wird.

Die Funktion der doppelten Wirklichkeit

Die Entkopplung von Reden und Handeln erfüllt wichtige Funktionen für die Organisation. Eine zentrale Funktion der Entkopplung von Außendarstellung und Organisationsrealität liegt darin, dass Anforderungen aus der Umwelt auf diese Weise nicht direkt an die Organisation herangetragen werden. Organisationen sind darauf angewiesen, sich an rechtliche, politische und wirtschaftliche Anforderungen anzupassen, müssen aber gleichzeitig sicherstellen, dass die permanent wechselnden und widersprüchlichen Anpassungsanforderungen nicht den Produktionsablauf durcheinanderbringen.

Eine weitere zentrale Funktion der Entkopplung besteht darin, dass interne Unruhen in Organisationen nicht sofort zu kritischen Anfragen aus der Umwelt führen. Eine Darstellung der realen Abläufe nach außen würde die Legitimität der Organisation in der Umwelt infrage stellen und zu kritischen Anfragen von Institutionen aus

Politik, Medien, Banken oder Justiz führen. All dies würde als Verunsicherung in die Organisation hineingetragen werden und die internen Konflikte und Auseinandersetzungen noch weiter verschärfen. Man konnte die Effekte bei der Fusion von Daimler und Chrysler beobachten. Obwohl alle Kenner der Automobilindustrie wussten, dass DaimlerChrysler aufgrund der Fusion mit extremen Schwierigkeiten zu kämpfen hatte und obwohl Manager in Umfragen ein hohes Maß an Unzufriedenheit bekundeten, gelang es der Organisation über zwei Jahre, die Fusion als Erfolg darzustellen. Der damalige Unternehmenschef Jürgen Schrempp wurde als Held der Fusion gefeiert, und durch die starke Präsenz von Schrempp in den Medien konnten die internen Unruhen unter der Oberfläche gehalten werden. Selbst der Einbruch der Börsenkurse – DaimlerChrysler war nach der Fusion zeitweise weniger wert als der Daimler-Konzern vor der Fusion allein – konnte eine Zeit lang erfolgreich als »nicht gerechtfertigt« hingestellt werden. Die in den ersten zwei Jahren geschickt gemanagte Diskrepanz zwischen Außendarstellung und bitterer Fusionsrealität war für die Organisation hilfreich, weil eine öffentliche Auseinandersetzung über die Fusionsschäden den internen Fusionsprozess behindert hätte. Erst als der Unternehmenschef ausgewechselt wurde, konnten die Mitarbeiter über die Probleme der Fusion reden, und die Fusion wurde letztlich wieder rückgängig gemacht.

Eine dritte wichtige Funktion der Entkopplung liegt darin, dass besonders das Management sich auf diese Weise eine gewisse Freiheit der Gedanken leisten kann. Dadurch, dass weder von der Umwelt noch von den Mitarbeitern das Recht auf Authentizität eingeklagt werden kann, braucht das Management nur begrenzt darauf zu achten, was es sagt. Es kann Beschreibungen der Organisation, Wahrnehmungen, Gedanken und Ideen formulieren, ohne darauf zu achten, ob sie der Realität entsprechen. Das Unternehmen Gigolo pries sich besonders für seine Frauenförderpolitik und beteiligte sich aktiv an der Kampagne »Total-E-Quality«. Durch die Entkopplung von der betrieblichen Wirklichkeit war es dem Management möglich, das eigene Unternehmen als Vorzeigeunternehmen der Frauenförderpolitik zu propagieren. Die Besetzung von Managementposten nur mit Frauen, familienfreundliche Arbeitszeiten und spezielle Frauenförderprogramme konnten als Ideen entstehen und auch in die Selbstbeschreibung der Organisation übernommen werden. Intern wurde das Thema Frauen und Betrieb dagegen sehr stark im Zusammenhang mit der hohen Fluktuation diskutiert. Von mehreren Mitarbeitern wurden »strategische Schwangerschaften« als eines der effektivsten Mittel genannt, um sich vom Druck im Unternehmen zu befreien. Die Geschäftsführerin thematisiert diesen Punkt intern unter dem Gesichtspunkt einer »Remaskuliniserung« des Betriebs. »Es kommen jetzt mehr Männer, und zwar schnell.« »Die Buchhaltung ist die schwangerschaftsträchtigste Abteilung. Sechs in den letzten Jahren. Ich habe es wirklich gefressen jetzt. Ich habe gesagt, ich werde jemand suchen, einen Mann, Herr Meyer ist gefunden. Ich werde noch einen einstellen, einen Mann.« »Jetzt weiß ich nicht, ob ich drei oder vier Männer einstelle – doch es müssen doch Menschen sein, die das Commitment haben, hier mit dieser Firma diese 100 Millionen zu machen, und nicht gleichzeitig kokettieren, wie viel Familienleben sein kann.« Die Entkopplung des Diskurses von der realen Einstellungspolitik ermöglichte es dem Management, immer wieder neue Ideen zur Frauenförderung zu generieren und auch bundesweite Initiativen anzustoßen, ohne sich durch die internen »Erfordernisse« allzu sehr ablenken zu lassen.

7.2. Organisationsstruktur als Marketinginstrument

Die Diskrepanz zwischen Vorder- und Hinterbühne scheint in der Beobachtung vieler Organisationsforscher größer zu werden. Die formale Struktur von Organisationen wird immer weniger durch den Wettbewerb oder durch Effizienzerfordernisse, sondern verstärkt durch Erwartungen aus ihrer Umwelt geprägt. Nils Brunsson (1989) etwa vermutet, dass auf die widersprüchlichen Erwartungen der zunehmend unterschiedlichen Umwelten nicht eindeutig und schlüssig geantwortet werden kann und dass Organisationen deshalb zunehmend die technische und die institutionelle Dimension entkoppeln, und zwar durch Heuchelei und Scheinheiligkeit.

Die Entkopplung mythischer Rationalitätsfassaden vom faktischen Binnenverhalten wird häufig mit der Entwicklung von Organisationen in der modernen Gesellschaft in Beziehung gesetzt. Klaus Türk (1995: 334) wirft etwa die Frage auf, ob die Rationalitätsthese von Max Weber nicht dahingehend modifiziert werden müsse, dass es in westlichen Gesellschaften mehr auf die Demonstration von Rationalität als auf faktische Rationalität ankomme. In einer Gesellschaft, in der das Rationalitätsparadigma dominiert, seien Organisationen darauf angewiesen, zeremoniell-rituell unterstützte Fassaden rationaler Prozeduren aufzubauen, um sich auf diese Weise nach innen hin Freiraum zu verschaffen.

Gründe für die zunehmende Bedeutung der doppelten Wirklichkeit

Einer der Gründe für den Aufbau von Rationalitätsfassaden ist in der Abhängigkeit der Unternehmen von externen oder auch (organisations-)internen Kapitalmärkten zu sehen. Holdings oder auch Banken bewilligen Investitionen häufig nur dann, wenn sich ein Unternehmen an die entsprechenden Vorstellungen rationaler Organisation anlehnt. Das kapitalsuchende Unternehmen muss den Eindruck erwecken, dass man sich mit den Investitionen eine Wertschöpfungsstrategie zulegt, die sich nicht nur finanziell auszahlt, sondern die sich auch auf dem neuesten Stand der Managementdiskussion bewegt. Bei Tomolus beispielsweise war die Bewilligung der Investitionen durch die Holding daran geknüpft, dass das Unternehmen von einer stark arbeitsteiligen Fertigungs- und Montageform abweichen und stärker gruppenorientierte Produktionsmethoden einführen würde. Das Management konnte über die in der Öffentlichkeit stark diskutierte neue Fertigungs- und Montagestrategie erhebliche Investitionen in neue Maschinen realisieren und auf diese Weise eine Durststrecke überstehen. Zugespitzt stellt sich die Situation bei börsennotierten Unternehmen dar: Sie sind darauf angewiesen, am Kapitalmarkt hoch gehandelt zu werden, um bei Kapitalerhöhungen eine möglichst stattliche Summe einsammeln zu können und um sich gegen feindliche Übernahmen schützen zu können. Der Börsenwert wird auch davon in die Höhe getrieben, welche »Phantasie« ein Unternehmen bei den Anlegern freisetzt. Diese »Phantasie« wird weniger durch eine realistische Beschreibung der betriebsinternen Abläufe als durch Rationalitätsfassaden beflügelt.

Ein zweiter Grund für den Aufbau von Rationalitätsfassaden liegt in dem Umstand, dass große Firmen zunehmend auf ihre Zulieferer Druck ausüben, sich eine »moderne« und für den Großabnehmer passende Struktur zuzulegen. Bereits der Soziologe W. Richard Scott (1986: 312) hat darauf aufmerksam gemacht, dass viele Organisationen den Hauptimpuls zur Schaffung einer projektorientierten Managementstruktur nicht von innen, sozusagen als rationale Reaktion auf die Erfordernisse des Informationsflusses, erhalten haben, sondern von außen. So habe das US-amerikanische Verteidigungsministerium schon seit den 1950er Jahren von seinen Vertragslieferanten verlangt, Projektstrukturen einzuführen. Das Ministerium habe gehofft, dadurch pro Auftrag nur noch einen Ansprechpartner in jedem Unternehmen zu haben und nicht mehr wie bisher von einem Ansprechpartner zum nächsten gereicht zu werden.

Der dritte Grund für den Aufbau von Rationalitätsfassaden ist darin zu sehen, dass die wachsende inner- und zwischenbetriebliche Mobilität hochrangiger Mitarbeiter dazu führt, dass sie sich an »Erfolgsgeschichten« der eigenen Organisation koppeln. Manager bewerben sich mit einer erfolgreichen Divisionalisierungsstrategie, einem eingeführten Gruppenarbeitsmodell oder einem gelungenen SAP-Projekt auf eine andere Stelle. Dadurch entsteht ein Interesse, die Projekte nicht so zu schildern, wie sie wirklich stattgefunden haben, sondern sich an die Mythen der Organisation anzukoppeln.

Die drei angeführten Gründe – Bedeutung des Kapitalmarktes, Abhängigkeit von wichtigen Kunden und erhöhte Mobilität des Managements – erklären, warum die Legitimationsbeschaffung von Organisationen an Bedeutung gewinnt und warum damit auch die Diskrepanz zwischen verschiedenen »Wirklichkeiten« in Organisationen größer zu werden scheint. Es gibt aber noch einen weiteren Grund, der die wachsende Diskrepanz zwischen Vorderbühne und Hinterbühne von Organisationen erklären könnte: die Notwendigkeit, mit der eigenen Organisationsstruktur zu werben.

Organisationsstruktur: Das Marketinginstrument der Organisation

Die klassische Vorstellung der Managementlehre besagt, dass Produkte oder Dienstleistungen wegen ihrer spezifischen Qualität nachgefragt werden. Der Kunde, so die Vorstellung, interessiere sich allein für die Qualität des Endproduktes und verhalte sich gegenüber dem Herstellungsprozess weitgehend indifferent. Ob ein Produkt in Fließbandfertigung, in Gruppenarbeit, in Netzstrukturen von Selbstständigen oder durch Zulieferer produziert und montiert werde, sei für den Kunden unwichtig, solange das Produkt seinen Zweck erfülle.

In einem Marktumfeld, in dem Produkte und Leistungen einander immer stärker zu gleichen scheinen und langfristige Kundenbindungen an Bedeutung gewinnen, gibt es jedoch entgegen dieser Annahme eine Tendenz von Unternehmen, mit den eigenen Organisationsstrukturen zu werben. Der Soziologe Marshall Meyer (1979: 494ff.) hat diese Werbestrategie als »Signaling« bezeichnet. Der Begriff des »Signaling« bezeichnete ursprünglich die Strategie von Arbeitssuchenden, ihre formale Ausbildung als Signal gegenüber Arbeitgebern zu nutzen. Weil sich der Arbeitgeber nicht sicher sein kann, wie der Arbeitnehmer sich an einem Arbeitsplatz verhalten wird, greift er zu dessen Beurteilung auf Signale wie den Auftritt des Bewerbers, seine bisherige Karriere oder seine Ausbildung zurück. Die Bewerber greifen in ihrem Lebenslauf-Engineering dieses Unsicherheitsproblem auf und wählen ihre Aus- und Weiterbildungen nicht nur unter Fachgesichtspunkten, sondern auch unter der Perspektive, ob sie damit die »richtigen Signale« an einen potenziellen Arbeitgeber aussenden (vgl. Spence 1974: 3ff.).

Ähnliche Strategien finden sich auch in Organisationen. Über die Schaffung neuer Stellen, die Abflachung von Hierarchien, die Einrichtung von Projektgruppen oder die Aufstellung neuer Regeln signalisieren Organisationen, dass sie es mit ihrem Vorhaben ernst meinen. Mit Strukturveränderungen werden stärkere Signale ausgesandt als durch reine »Schaufensterdekorationen« in Form von Vorstandsreden und PR-Kampagnen, denn Strukturveränderungen erfordern hohe Investitionen, Vorstandsreden und PR-Kampagnen hingegen sind relativ »günstig«, und deshalb wird ihnen in der öffentlichen Wahrnehmung auch wenig Wert beigemessen. So hat die Umstellung von einer funktional gegliederten Organisationsform auf eine Profitcenter-Struktur eine stärkere Signalwirkung als die reine Ankündigung, dass man demnächst die Profitabilität der Firma ernster nehmen werde. Die Einrichtung einer eigenen Umweltschutzabteilung hat eine größere Wirkung nach innen und außen als die häufige Erwähnung des Themas in Reden des Topmanagements.

Mit dem Begriff des Signaling spitzt Marshall Meyer seine These zu, dass Veränderungen von Organisationsstrukturen Sinn ergeben können ganz unabhängig davon, ob sie im wertschöpfenden Kern Effizienzvorteile mit sich bringen oder nicht. Die Frage der Veränderung von Organisationsstrukturen wird quasi von Überlegungen zur unmittelbaren internen Nutzensteigerung entkoppelt und stärker unter dem Gesichtspunkt der Signalwirkung nach innen und außen betrachtet.

Fast idealtypisch findet sich die Strategie, nicht mehr nur mit den Produkten, sondern zunehmend auch mit den eigenen Wertschöpfungsprozessen zu werben, bei Beratungsfirmen. Beratungsunternehmen wie die Boston Consulting Group oder McKinsey werben nicht nur über Anzeigen, Broschüren oder Bücher für ihre Dienstleistungen, sondern präsentieren Kunden ihre internen Prozesse und ihre eigenen Räumlichkeiten als Referenzobjekt. Es werden moderne Büroräume vorgestellt, in denen die Berater täglich ihren Schreibtisch wechseln, um zu zeigen, dass man die Prinzipien modernen Office-Managements beherzigt. Die Effizienz des internen Wissensmanagements wird gegenüber den Kunden als Argument dafür präsentiert, die Leistungen der Beratungsfirma zu kaufen. Die eigene Beratungsorganisation wird »reengineert« und wird so zu einem Referenzprojekt für Kunden aus Industrie und Handel.

Aber auch in eher aus den klassischen Industrie- und Handelsbranchen stammenden Unternehmen lässt sich dieselbe Strategie beobachten. Auch hier fällt auf, dass Reorganisationsmaßnahmen anscheinend nicht immer durch bestimmte Probleme im Wertschöpfungsprozess initialisiert werden, sondern dass häufig die »Produktion« eines modernen Image im Vordergrund steht. Bei Belzano verwiesen Mitarbeiter darauf, dass verschiedene Reorganisationsmaßnahmen wie KVP, Kaizen oder Japan-Diät deswegen begonnen wurden, weil es anderen mittelständischen Firmen dadurch gelungen war, Unternehmenswettbewerbe zu gewinnen. So wurde etwa die Japan-Diät angewandt, nachdem der Gewinner des Wettbewerbs »Fabrik des Jahres« dem Geschäftsführer gesagt hatte: »Kaufen Sie sich dieses Buch und machen Sie es genauso wie ich, nach drei Jahren sind Sie Fabrik des Jahres.«

Bei Tomulus wurden bestimmte organisatorische Maßnahmen nur deshalb in Angriff genommen, weil die Kunden in der Automobilindustrie die Einführung neuer Formen der Arbeitsorganisation forderten. Das Unternehmen setzte aufgrund des Drucks der Kunden die Zertifizierung nach ISO 9001, ein Öko-Audit und verschiedene kundenspezifische Qualitätsaudits durch und richtete seine Struktur so aus, dass diese Audits möglichst gut bestanden werden konnten.

Besonders interessant war die Entwicklung in einem Holding-Unternehmen. Der defizitäre und chaotisch organisierte Geschäftsbereich Cinco war sehr stark auf den Einzelhandel ausgerichtet, und jede Präsenz des Unternehmens oder des Geschäftsführers in der Öffentlichkeit hatte einen direkten Marketingeffekt, während der ältere, hoch profitable Geschäftsbereich Avda ausschließlich auf den Großhandel ausgerichtet war. Wegen der starken Abhängigkeit Cincos vom Einzelhandel wurden Organisationsveränderungen in der ganzen Holding eingeführt, um so nach außen als Vorzeigebetrieb dastehen zu können.

Die Werbung mit der eigenen Organisationsstruktur ist ein Indiz dafür, dass die Homogenisierungstendenzen von Organisationen an Grenzen stoßen. Wenn es stimmt, dass Organisationen sich in ihrer Struktur immer mehr aneinander annähern, dann gäbe es keinen Wettbewerbsvorteil mehr, wenn sie sich an ein Leitbild anpassten. Die Anpassung an ein aktuelles Managementleitbild würde in diesem Sinn zu einem Hygienefaktor, auf den man zwar nicht verzichten kann, der aber auch keinen besonderen Pluspunkt mehr darstellt. In Abgrenzung gegen diese Annahme geht es mir im Folgenden darum, die angestellten Überlegungen zu Organisationsstrukturen als Marketinginstrument dazu zu nutzen, die Veränderung von Leitbildern moderner Organisationsgestaltung zu erklären.

7.3. Wie entstehen neue Organisationsformen? Imitation plus

Es gibt drei Standarderklärungen in der Organisationsforschung, weshalb es trotz des Isomorphiedrucks auf Organisationen zu Veränderungen von Leitbildern moderner Organisationsgestaltung kommt. Die erste Erklärung basiert auf dem Konzept des institutionellen Unternehmers. Paul J. DiMaggio (1988: 14) beschreibt damit Akteure, die sich dafür einsetzen, dass neue Organisationskonzepte entstehen. Professionen, Lobby-Organisationen oder soziale Bewegungen versuchen, Vorstellungen von »effizientem Arbeiten«, »humaner Politik« oder »nachhaltigem Wirtschaften« zu etablieren, denen sich Akteure dann wenigstens in ihren öffentlichen Äußerungen unterwerfen müssen. Je nachdem, wie stark solche »institutionellen Projekte« an existierende Rationalitätsvorstellungen anschlussfähig sind, gestalten sich die Vorhaben mehr oder minder aufwändig. Als Musterbeispiel für dieses institutionelle Unternehmertum gelten Beratungsfirmen, die mit hohem Kraftaufwand versuchen, Vorstellungen von »gutem Management« zu etablieren, über die sie dann ihre Beratungsleistungen verkaufen können.[16]

Die zweite Erklärung für die Veränderung von Organisationsleitbildern basiert auf der Beobachtung, dass gesellschaftliche Normen häufig in Widerspruch zueinander stehen und Organisationen in ihrer alltäglichen Praxis deshalb gezwungen sind, von Normen abzuweichen. Weil man nicht alle Normen gleichzeitig erfüllen kann, ist es für Organisationen notwendig, zu einigen Normen Distanz aufzubauen und die Legitimationsstrukturen von den internen Organisationsabläufen zu entkoppeln. Mit dem Begriff der Entkopplung wird darauf aufmerksam gemacht, dass Organisationen einer Branche sich zwar in ihrer Formalstruktur ähneln, dass sich aber in ihrer tatsächlichen Praxis erhebliche Unterschiede ausbilden. Aus dieser Perspektive betrachtet, ändern sich Unternehmensleitbilder in der Weise, dass sich die tatsächliche Praxis in dem durch Rationalitätsfassaden geschützten Bereich profilieren kann und, wenn sie sich bewährt hat, als Element in die Außendarstellung einfließt.

Die dritte Erklärung wird aus der Beobachtung abgeleitet, dass die Anwendung von Regeln oft dazu führt, dass diese variiert werden. Auch wenn es organisationsübergreifende Vorstellungen davon gibt, wie eine effiziente und effektive Organisation aussieht, müssen diese Vorstellungen immer auf die spezifischen Bedingungen einer Organisation übertragen werden. Bei dieser Übertragung werden die als effizient und effektiv geltenden Regeln und Programme angepasst, verändert und variiert. An Beispielen wie der Einführung japanischer Qualitätszirkel in den Vereinigten Staaten (vgl. Strang 1997), der Verbreitung einer japanischen buddhistischen Bewegung in den USA (vgl. Snow 1993) und der Diffusion der Vorstellung von feindlichen Übernahmen (Hirsch 1986) ist gezeigt worden, dass Innovationen häufig das Resultat unvollkommener Versuche sind, andere zu imitieren. Aus den Variationen entstehen dann Prozesse neuer Institutionalisierungen, die sich in einem evolutionären Prozess durchsetzen.

Es deuten sich hier zwei Erklärungen für die Veränderung von Organisationsleitbildern an. Die erste geht von interessierten, aktiven Akteuren aus, die sich außerhalb der Organisationen darum bemühen, neue institutionelle Erwartungen aufzubauen. Die zweite begreift Veränderungen als (ungewollte) Nebenfolge von Anpassungsprozessen. In beiden Erklärungsrichtungen werden die aktiven Gestaltungsmöglichkeiten der Organisation im Anpassungs- und Imitationsprozess als eher gering eingeschätzt. Aus meiner Sicht ist aber ein anderer Punkt noch wichtiger.

Mehr als einfaches Kopieren

Meine These ist, dass Vorstellungen von rationaler, effizienter Organisation nicht einfach kopiert werden und Variationen nicht nur als ungewollte Nebenfolgen entstehen, sondern dass bei der Anpassung an herrschende Vorstellungen von rationaler Organisation auch bewusst Adaptionsprozesse stattfinden. Die Adaption richtet sich dabei nicht nur darauf, die Vorstellungen vom »guten Management« für die eigenen Wertschöpfungsprozesse handhabbar zu machen, sondern die Adaptionsprozesse sind so organisiert, dass man versucht, die Vorstellungen von gutem Management, rationaler Organisation und innovativer Struktur noch zu überbieten. Man erhöht seine Legitimität dadurch, indem man die Vorstellungen von rationaler Organisation nicht nur einfach kopiert, sondern einen eigenen Beitrag hinzufügt. Die Imitation findet also nicht in Form eines einfachen Kopierens der Vorstellungen von rationalem Management statt, sondern im Prozess des Kopierens überlegen die Organisationsmitglieder, durch welche neuen Aspekte man die Konzepte, die zur Zeit en vogue sind, ergänzen könnte. Es handelt sich um ein Modell der »Imitation plus«.

Die Tendenz zum Modell »Imitation plus« ist fast idealtypisch bei Beratungsfirmen zu beobachten, die eine aktuelle Managementmode um eigene Konzepte, Ideen und Begrifflichkeiten anreichern und hoffen, sich dadurch von ihren Konkurrenten abzuheben. Am Beispiel des »Business Process Reengineering«, das Mitte der 1990er Jahre die dominierende Reorganisationsstrategie war, lässt sich gut zeigen, wie verschiedene Beratungsunternehmen sich an dieses Konzept ankoppelten und dem Konzept eine eigene Note gaben (vgl. Micklethwait/Woolridge 1996). Beispielsweise führte die Managementberatungsfirma Arthur D. Little das Reengineering unter dem Begriff »Hochleistungs-Business« ein und modifizierte die IT-Lastigkeit des Reengineering-Konzeptes. Die Unternehmensberatung Gemini nannte ihr Reengineering-Konzept »Transformation« und setzte eigene Schwerpunkte im Bereich der Prozessgestaltung.

Aus der organisationswissenschaftlichen Forschung wissen wir, dass nicht nur Beratungsunternehmen, sondern auch Industrie-, Handels- und Dienstleistungsunternehmen sich selbst als einzigartig präsentieren müssen. So argumentiert beispielsweise Philip Selznick (1957: 139), dass es für die Überlebensfähigkeit einer Organisation zentral sei, ihre Alleinstellungsmerkmale herauszustreichen und den Eindruck zu vermitteln, sie arbeite in einer Form, die andere Unternehmen nicht erreichen. Organisationen konkurrieren um die Aufmerksamkeit anderer und versuchen sich dadurch hervorzutun, dass sie permanent innovieren.

Es liegt der Verdacht nahe, dass es für Organisationen ausreicht, die Innovationen lediglich auf ihrer Schauseite zu präsentieren, die formale Seite und erst recht die informale Seite von diesen Innovationen jedoch zu verschonen. Aber je mehr Organisationen ihre Schauseite aufhübschen, desto stärker unterliegen sie dem Generalverdacht, dass sie lediglich »leere Worte« produzieren und dass ihre Proklamationen folgenlos bleiben. Deshalb können sich Organisationen in vielen Fällen nicht auf reinen Talk beschränken.

Belzano beispielsweise nahm jährlich an dreißig Unternehmenswettbewerben teil und beschäftigte einen Mitarbeiter hauptsächlich dafür, dass er die Beteiligung an diesen Wettbewerben koordinierte. »Hier im Haus ist der Wille zu verändern und zu gewinnen. Wir machen immerhin bei knapp dreißig Wettbewerben mit jedes Jahr – immer«, so der Geschäftsführer, »auf der Suche nach neuen Benchmarks: Wo sind die Kollegen, wo ist man selbst.« Auffällig ist, dass die Strategie zum Gewinnen der Wettbewerbe nicht allein darin bestand, in die Fußstapfen des »Best-Practice-Unternehmens zu treten«, sondern vielmehr darin, durch die geschickte Kombination verschiedener Managementmoden, die Weiterentwicklung von Managementtools oder durch besonders »peppige« Begriffe als ein Unternehmen dazustehen, das die aktuelle Managementdiskussion noch weiter antreibt. In dem Unternehmen wurde beispielsweise damit geworben, dass Kaizen, kontinuierlicher Verbesserungsprozess, betriebliches Vorschlagswesen und Japan-Diät zu einem umfassenden Qualitätsmanagementsystem integriert worden seien.

Beim Automobilzulieferer Tomolus hob man hervor, dass alle wichtigen Managementkonzepte berücksichtigt worden seien: Lean Management, Simultaneous Engineering, Kanban, Benchmarking, Total Quality Management, Total Productivity Maintenance, Gruppenarbeit, Produktklinik, Führung durch Ziele, erfolgsabhängige Vergütungssysteme und lernende Organisation. Der Geschäftsführer verkündete öffentlich: »Sie werden nichts finden, was wir nicht schon machen.« Aber auch hier versuchte das Unternehmen gegenüber den für aktuelle Managementmoden sehr empfindlichen Kunden zu signalisieren, dass man die Konzepte selbstständig weiterentwickle. So wurde beispielsweise damit geworben, dass sich die Gruppenarbeit nicht nur auf die wertschöpfenden Montage- und Fertigungsprozesse beziehe, sondern dass alle Ebenen bis hin zum Topmanagement in Gruppen organisiert seien.

Bei Gigolo wurde besonders die Frauenförderpolitik hervorgehoben. Mit dem Begriff der »Leading Ladies« wurde betont, dass man nicht nur Maßnahmen zur Frauenförderung betreibe, sondern dass es im Gegensatz zu anderen mittelständischen Unternehmen eine klare Richtlinie gebe, Managementpositionen mit Frauen zu besetzen. Dabei wurde hervorgehoben, dass man sich Halbtagsjobs auch für Manager vorstellen könne, um für diese Personengruppe Beruf und Familie vereinbar zu machen. Diese von außen leicht nachprüfbare Personalpolitik (Wie hoch ist der Prozentsatz von Frauen in Führungspositionen?) wurde als Alleinstellungsmerkmal des Unternehmens verkündet und sowohl bei der Positionierung auf dem Arbeitsmarkt als auch für die öffentliche Wahrnehmung genutzt.

Diese Innovation findet erst einmal auf der Schauseite – der Vorderbühne der Organisation – statt, aber gerade bei der Übernahme (und Überbietung) aktueller Managementkonzepte entsteht der Druck, dass diese Innovation auch in der eigenen Praxis sichtbar werden muss. Dadurch wird die Diskrepanz zwischen attraktiver Vorderbühne und einer wesentlich brüchigeren, inkonsistenteren Hinterbühne nicht aufgehoben. Organisationen erscheinen auf ihrer Schauseite wesentlich stringenter, als sie es in der Wahrnehmung der Mitarbeiter sind. Entscheidend ist jedoch, dass es sich bei den Überbietungsstrategien im Sinne einer »Imitation plus« nicht um reine Schaufensterdekorationen handelt, sondern dass die Präsentation gegenüber der Umwelt auch als Motor für interne Reorganisationsprozesse verstanden wird.

Die Institutionalisierung der Leitbildinnovation

Die Strategie der Imitation in Form einer »Imitation plus« profitiert vom Vorhandensein zweier Prozesse. Der eine besteht darin, dass Managementkonzepte schnell an Aktualität und Prägnanz verlieren. Sie unterliegen dem Problem der Sättigung. Angesichts dieses Problems kommt es für Organisationen darauf an, sich nicht als »Nachzügler« zu präsentieren, sondern ein Managementkonzept durch eigene Aspekte zu ergänzen. Der andere Prozess hängt mit dem Megamythos Rationalität zusammen. Rationalität hat es an sich, dass man immer noch rationaler handeln kann. Effizienz zeichnet sich dadurch aus, dass man immer noch effizienter handeln kann. Dies hat zur Folge, dass es in Unternehmen immer Möglichkeiten gibt, noch »einen draufzusetzen«.

Organisationen, die in ihrer Geschäftspolitik lediglich einen Kooperationspartner oder Konkurrenten kopieren und ein »Me-too-Produkt« auf den Markt bringen, produzieren Erklärungsbedarf. Das wird schon beim Blick auf den aktuellen Managementdiskurs deutlich. Reinhard Sprenger (1997: 146), lange Jahre einer der prononciertesten Autoren von Managementliteratur, beklagt die Tendenz von Managern, sich »die Nasen an den Fenstern der Best-Practice-Wettbewerber plattzudrücken«. »Wer immer in die Fußstapfen anderer tritt«, so Sprenger, »hinterlässt keine Eindrücke«. »Einzigartigkeit« – so im gleichen Tenor der Philosoph Peter Sloterdijk – lasse sich halt »nicht mit dem Kopierer erzeugen«.

7.4. Paradoxe Anforderungen

Organisationen sehen sich damit konfrontiert, dass zwei unterschiedliche, häufig auch widersprüchliche Anforderungen an sie herangetragen werden. Die erste Anforderung besteht daran, die Vorstellungen von rationalem Management, die in einem organisatorischen Feld herrschen, zu kopieren, um so die eigene Legitimität zu erhöhen. Die zweite Anforderung besteht darin, nicht lediglich als Kopierer von anderswo geleisteten Organisations- oder auch Produktinnovationen aufzutreten, sondern auch eigenständige Innovationen vorzunehmen.

In diesem Spannungsfeld muss sich eine Organisation bewegen. Durch den widersprüchlichen Charakter dieser Anforderungen sind Organisationen zur aktiven Verarbeitung institutioneller Vorgaben gezwungen. Die Anpassungsstrategien können aufgrund der Widersprüchlichkeit nicht durch Institutionen determiniert werden, sondern Teile der institutionellen Erwartungen müssen ignoriert, modifiziert oder zurückgewiesen werden.

Das dargestellte Modell der »Imitation plus« wird von Organisationen als eine Erfolg versprechende Strategie angesehen, um den teilweise widersprüchlichen Anforderungen aus der Umwelt gerecht zu werden. Auf diese Weise wird einerseits die institutionelle Erwartung aufgegriffen, ein rationales, modernes Management zu sein, indem die gerade dominierenden Leitbilder des Managements kopiert werden. Andererseits wird die institutionelle Anforderung der Innovation erfüllt, indem die Organisationsleitbilder um eigene Komponenten ergänzt und diese gegenüber Kunden, Zulieferern und Konkurrenten als Organisationsinnovationen ausgewiesen werden.

8. Jenseits eines verengten zweckrationalen Organisationsverständnisses

»Eine vollkommene Ordnung wäre der Ruin allen Fortschritts und Vergnügens.«
Robert Musil

Der zentrale Nutzen eines tiefgreifenderen Verständnisses von Paradoxien und Dilemmata von Organisationen besteht darin, einen Zugang zur Kontingenz von Organisationen zu erhalten. Die Organisation besteht aus nichts weiter als aus den Entscheidungen, die sie in ihren alltäglichen Prozessen immer wieder fällt – nicht viel mehr meint Niklas Luhmann (1988: 166) mit der auf den ersten Blick esoterisch wirkenden Aussage, dass Organisationen Systeme sind, »die aus Entscheidungen bestehen und die Entscheidungen, aus denen sie bestehen, durch die Entscheidungen, aus denen sie bestehen, selbst anfertigen«.

Dieser Prozess funktioniert deswegen, weil sich die Organisation die Tatsache der Kontingenz ihrer eigenen Entscheidungen nicht permanent vor Augen führt, sondern immer wieder Abkürzungen einführt: Die vorherigen Entscheidungen werden als so selbstverständlich hingenommen, dass etwa über die Existenzberechtigung von technischen Verfahren oder über die Logik von Marktausrichtungen nicht nachgedacht wird. Es wird davon ausgegangen, dass Marktveränderungen vorliegen, die nur eine Handlung zulassen (stärkere Technisierung, Arbeitsplatzabbau oder Innovation).

Das Paradox der Entscheidung besteht darin, dass jede Entscheidung zu einem Ermöglichen und Verhindern weiterer Entscheidungen führt (Luhmann 1993: 298f.). Ob es sich um Strukturentscheidungen handelt, durch die neue Regeln, neue Kommunikationswege oder Personalveränderungen in der Organisation festgeschrieben werden, oder um »Mini«-Entscheidungen, die nur kurzfristig auftretende Fragen klären – der Organisation bleibt nichts anderes übrig, als ihre Entscheidungen auf den vorhergehenden Entscheidungen aufzubauen und dabei die Begrenztheit der Kalkulation der vorherigen Entscheidungen auszublenden.

8.1. Die Unmöglichkeit der andauernden Thematisierung von Paradoxien und Dilemmata

Eine Organisation kann nicht alle ihre Paradoxien und Dilemmata permanent thematisieren. Das Problem besteht darin, dass eine Organisation über die Thematisierung von Paradoxien und Dilemmata eine sehr komplexe und vielfältige Sicht auf ihre politische, wirtschaftliche, wissenschaftliche und kulturelle Umwelt aufbauen würde, dadurch aber immer mehr in Abgrenzungsschwierigkeiten gegenüber dieser Umwelt geriete. Die ungezügelte Entfaltung der Paradoxien und Dilemmata hätte zur Folge, dass die Organisation eine interne Komplexität aufbauen würde, die zwar der Komplexität der Umwelt gerecht werden, letztlich aber die innere Stabilisierung unmöglich machen würde.

Die Tatsache, dass es keine Metaregel dafür gibt, wann eine Organisation in ihren Selbstbeschreibungen Paradoxien entfalten und wann eher ausblenden sollte, hat zur Folge, dass sich jede Organisation von Entscheidung zu Entscheidung hangelt und erst im Nachhinein feststellt, ob all diese Entscheidungen zur weiteren Existenz der Organisation beitragen oder nicht. Jede Simplifikation in der Form von Paradoxieausblendungen ist empfindlich gegen Störungen, die auf nicht berücksichtigte Umstände hinweisen (Luhmann 2000:

123ff.). Genauso wie Manager auf verpasste Chancen hinweisen können, können Aktionäre auf eine bisher nicht thematisierte Konkurrenzsituation, Gewerkschaften auf ökonomische Fehler, Berater auf sich verändernde Vorstellungen des »one best way« hinweisen. Aber – und das macht den Unterschied aus – die Chancen, folgenreich gehört zu werden und nicht lediglich als Rauschen abgewiesen zu werden, sind unterschiedlich.

Ein Organisationsverständnis jenseits von Zweckrationalitätskonzepten läuft nicht auf ein Konzept des »anything goes« hinaus – im Gegenteil. Dadurch, dass Organisationen letztlich immer nur auf vorher getroffene Entscheidungen aufbauen können, sind sie auf Entscheidungskorridore, auf Entwicklungspfade festgelegt. Diese Festlegung führt dazu, dass sich immer wieder Paradoxien und Dilemmata äußern, auf die die Organisation jeweils nur mit neuen Abwägungs-, Diskussions- und Entscheidungsprozessen reagieren kann.

Dieser Prozess zieht immer Folgeprobleme nach sich, weil eine Organisation nie wissen kann, ob sie mit ihren Entscheidungsketten weiterhin existieren wird oder nicht. Da eine Organisation immer nur ein begrenztes Spektrum der Umwelt wahrnehmen kann und die Zukunft notgedrungen unklar bleibt, kann eine Organisation nie sicher sein, ob sie mit ihren Entscheidungen »richtig« liegt. Eine Organisation kann sich durch Marktbeobachtungen, Feldforschungen, Konkurrenzobservation, interne Evaluationsprozesse und Mitarbeiterbefragungen das Gefühl von Sicherheit verschaffen, aber letztlich handelt es sich dabei immer um Sicherheitssurrogate, die durch die Organisation mit all ihren begrenzten Wahrnehmungsfähigkeiten selbst produziert werden (vgl. Luhmann 1989: 223). Die Organisation steht damit vor dem Dilemma, sich entweder für eine gepflegte Illusion zu entscheiden, indem sie sich einbildet, dass sie gerade im besten Sinne rational handelt, oder eine gepflegte Inkongruenz zuzulassen, wobei die Hoffnung besteht, dass durch die Entfaltung von Paradoxien, Dilemmata und Widersprüchlichkeiten eine komplexere, aber auch tendenziell Entscheidungen blockierende Weltsicht entwickelt werden kann.

8.2. Der Nutzen der Sisyphusarbeit

Es mag sinnvoll sein, den Glauben nicht aufzugeben, dass man den Gipfel erreichen kann, und wie Sisyphos den Felsbrocken immer wieder den Berg hochzuschieben. Vielleicht besteht in dem permanenten Streben nach einer optimalen Organisationsstruktur gerade die Funktion des Managements. Wenn ein Unternehmen, eine Verwaltung oder ein Krankenhaus wie ein Uhrwerk oder eine Maschine funktionieren würde, dann gäbe es keinen Grund, Mitarbeiter zu beschäftigen, die die Unsicherheiten handhaben (managen). Wenn es gelingen würde, den Felsklotz des Organisierens auf der Spitze des Berges abzulegen, würde sich das Management selbst überflüssig machen.

Die Arbeitsplatzbeschreibung von Managern lässt sich geradezu auf den Begriff Sisyphusarbeit verkürzen. Während das Dilemma für Mitarbeiter in den durchorganisierten Wertschöpfungsprozessen der Fließband-, Callcenter- oder Verwaltungsorganisation darin besteht, dass sie durch Organisationsoptimierungen ihre eigenen Arbeitsplätze gefährden, kann sich das Management darauf verlassen, dass die Organisation sie immer wieder mit neuen Widersprüchen, Nebenfolgen und Paradoxien überraschen und beschäftigen wird. Sorgen über ihre Existenzberechtigung als Manager müssen sie sich erst dann machen, wenn sich der Eindruck einstellt, dass ihre Arbeit nicht mehr den Charakter von Sisyphusarbeit hat, sondern alles wie am »Schnürchen läuft«.

Nachwort zur Methodik

Das Material für meine organisationswissenschaftlichen Bücher gewinne ich aus drei Quellen: Aus eigenen Forschungsprojekten über Organisationen, in denen ich spezifischen Fragen nachgehe, aus Beratungsprojekten, in denen quasi als Abfallprodukt interessante Einblicke in die Organisationen entstehen, und aus Beschreibungen, die von anderen Beratern, Managern oder Wissenschaftlern über eine spezifische Organisation angefertigt wurden.

Bei den Analyse der in diesem Buch erwähnten Organisationen habe ich auf eine Methode zurückgegriffen, die ich schon in meinem Buch »Wenn die Affen den Zoo regieren. Die Tücken der flachen Hierarchien« angewandt und in verschiedenen Forschungsprojekten weiterentwickelt habe: Die Fokussierung auf Vorreiterorganisationen der Dezentralisierung. Als Vorreiterorganisationen werden Organisationen bezeichnet, die durch die Einführung von als modern geltenden Organisationsmerkmalen (Dezentralisierung, Enthierarchisierung, Auflösung funktionaler Arbeitsteilung) auf sich aufmerksam machen und als Vorbild für Organisationen im gleichen organisationalen Feld gelten.

Die Fallanalyse einer Vorreiterorganisation der Dezentralisierung steht in Kontrast zur Methodik sowohl der kontingenztheoretisch ausgerichteten Organisationsforschung als auch der an umfassenden Trends interessierten Industriesoziologie. Diese greifen in der Regel auf »typische« Unternehmen, Verwaltungen, Krankenhäuser oder Hochschulen zurück und streben eine Übereinstimmung möglichst vieler Variablen an. Mir kommt es jedoch im Gegensatz zu dieser Vorgehensweise nicht darauf an, durch große Samples eine primär empirisch belegte These aufzustellen. Vielmehr dient mir die Untersuchung der Vorreiterorganisationen dazu, Überlegungen zu entwickeln und eine theoretisch getragene Argumentation zu illustrieren.

Das Problem bei der Untersuchung von Organisationen im Allgemeinen und Vorreiterorganisationen im Besonderen besteht darin, dass erste Beschreibungen der Gesprächspartner lediglich die Schauseite der Organisation wiedergeben. Der dominierende Tenor des Managements lautet, dass klare Ziele gesetzt, Handlungen angeleitet, Abweichungen gemessen und Neuadjustierungen vorgenommen werden. Die Beschreibungen von Managern gegenüber Forschern orientieren sich häufig an den Zielkatalogen, Visionen, Plänen, die im Unternehmen gehandelt werden.

Als Außenstehender riskiert man, diese Schauseite mit der formalen oder informalen Seite der Organisation zu verwechseln. Das Aufbauen einer Schauseite ist für die Organisation funktional, sie gibt aber nur einen begrenzten Blick auf die Organisation frei. Auf der Schauseite werden häufig Intentionen präsentiert, die – darauf weist Nils Brunsson (1989: 231ff.) hin – aber oftmals nicht erreicht werden. Die Ursache-Wirkungs-Ketten, die auf der Schauseite dargestellt werden, sind häufig ganz andere als jene, die sich im Organisationsalltag wiederfinden lassen. Die teilweise mythischen Beschreibungen der Organisation davon, wie bestimmte Ursachen und Wirkungen zusammenhängen, erfüllen wichtige Funktionen für die Organisation; eine realistische Beschreibung dessen, was in der Firma abläuft, sind sie jedoch nicht. Die Rekonstruktion der Schauseite von Vorreiterorganisationen ist wichtig, aber ebenso zentral sind Beschreibungen, die die von den Mitarbeitern wahrgenommene alltägliche Betriebsrealität wiedergeben.

Deswegen habe ich so weit es geht versucht, mit drei methodischen Besonderheiten zu arbeiten, um diese Beschreibungsebene zu erreichen. Erstens wurde in jedem Unternehmen eine Mehrpunktanalyse durchgeführt. Durch den mehrmaligen Besuch in den Unternehmen war es möglich, Inkonsistenzen in den Beschreibungen wahrzunehmen. Zweitens wurde ein Mix aus verschiedenen Methoden der empirischen Sozialforschung eingesetzt. Besonders die Kombination aus Einzelinterviews, Gruppengesprächen und Beobachtungen ermöglichte es, Brüche in den Selbstbeschreibungen festzustellen. Drittens wurde in den Einzelinterviews und Gruppengesprächen teilweise nach der Hälfte des Gesprächs der Gesprächsstil geändert. Nach einem eher kooperativen und fragenden Abtasten zu Beginn des Gesprächs wurde in Interview- und Gesprächssituationen, in denen die Befragten stark an den Vorderbühnen-Metaphern der Firma hingen, ein konfrontativer Gesprächsstil eingeschlagen. Der Gesprächspartner oder die Gruppe wurde explizit auf die (mögliche) Diskrepanz angesprochen und wurde aufgefordert, die Diskrepanz zu erklären. Teilweise reagierten die Gesprächspartner defensiv auf diesen Stilwechsel, in anderen Situationen kippte jedoch die Gesprächssituation, und der Gesprächspartner lieferte Beschreibungen, die nicht mehr mit den Außendarstellungen übereinstimmten.

Bei dieser methodischen Vorgehensweise kommt es nicht darauf an, die in Interviews dargestellten rationalen Fassaden durch eine vermeintliche »wirkliche Wirklichkeit« zu diskreditieren. Vielmehr ist die Erarbeitung der Diskrepanz zwischen organisatorischer Vorder- und Hinterbühne notwendig, um die Anpassung, Konstruktion und Weiterentwicklung von Leitbildern als einen eigenständigen, mit der alltäglichen Betriebsrealität nur lose gekoppelten Prozess erfassen zu können. Erst dadurch ist es dann möglich, herauszuarbeiten, wie Organisationen sich an Leitbilder anpassen und diese weiterentwickeln.

Den Anmerkungsapparat und die Literaturverweise habe ich für diese grundlegend überarbeitete Ausgabe aktualisiert und gekürzt. Die Leserinnen und Leser, die Interesse an umfassenderen Literaturhinweisen haben, seien auf die ersten in der Fußnote der Kapitel erwähnten Artikel verwiesen. Ausführlicher als in der ursprünglichen Fassung verweise ich jetzt auf Schlüsselwerke der Organisationsforschung – auf die Werke also, die als Klassiker der organisationstheoretisch informierten Forschung gelten (siehe Kühl 2015c). Somit soll es Leserinnen und Lesern, die ein Themenfeld aus dem Buch vertiefen wollen, möglich sein, ohne Verunsicherung durch die allerletzte Neuerfindung eines an sich schon bekannten Gedankens zielsicher auf die dafür relevante organisationstheoretische Literatur zuzugreifen, in der der Gedanke erstmals entwickelt worden ist.

Anmerkungen

1 Eine ausführliche Darstellung der Empirie für diese hier eher generalisierend dargestellten Überlegungen findet sich bei Kühl 2001a.

2 Ausführliche Vorüberlegungen zu den Mythen unternehmerisch handelnder Mitarbeiter finden sich bei Kühl 2000.

3 Popularisiert wurde das Konzept bereits in den 1990er Jahren von Warnecke (1992), und es wurde in den folgenden Jahrzehnten als Gedanke immer wieder aufgegegriffen. Siehe dazu Kühl 2015b: 136f.

4 Ein ganzer Zweig der Organisationstheorie basiert auf der Überlegung, die Effizienz von Organisationen darauf zurückzuführen, dass sie über das Instrument des Arbeitsvertrags organisationales Handeln ohne zeitraubende Verständigungsprozesse ermöglichen; siehe als Ausgangspunkt Coase 1937.

5 Als prominente Beiträge zur Labour Process Debate siehe Braverman 1974, Burawoy 1979 und Edwards 1979.

6 Siehe dazu aufschlussreich Neuberger 2000: 73.

7 Ein früher Text, in dem die Euphorie für Qualitätsmanagementmaßnahmen deutlich wird, ist die Studie von Womack/Jones/Ross 1990.

8 Die empirische Basis für die hier entwickelten Thesen und nähere Informationen zu den Unternehmen finden sich in Kühl 2001b. Eine systemtheoretische Kontextualisierung und zusätzliche Überlegungen finden sich in Kühl 2007.

9 Siehe nur beispielhaft für eine solche Denkweise Bendell 2006.

10 Vgl. z.B. früh Frese/Beecken 1995: 144. Simplifizierend kann man sich ein Vier-Felder-Schema mit den Achsen »ausgeprägte Hierarchie – flache Hierarchie« einerseits und »Zentralisierung – Dezentralisierung« andererseits vorstellen. Während das Modell »ausgeprägte Hierarchie – Zentralisie-

rung« dem Idealtyp der »klassischen« tayloristischen Organisation entspricht, kommt das Modell »abgeflachte Hierarchie – Dezentralisierung« dem Idealtypus der »neuen Organisationsform« am nächsten. Die beiden anderen möglichen Modelle des Vier-Felder-Schemas wurden in der bisherigen Forschung weitgehend vernachlässigt. Eine Organisation mit abgeflachten Hierarchien und zentralisierten Entscheidungskompetenzen müsste auf eine starke Standardisierung von Entscheidungsprogrammen setzen und deren Einhaltung zentral durch EDV überwachen. Bei einer Organisation mit dezentralisierten Entscheidungskompetenzen und ausgeprägter Hierarchie wäre damit zu rechnen, dass sich im mittleren Management »Slack« ausbildet.

11 Eine ausführliche Darstellung der Methodik und der Empirie findet sich in Kühl 2001c.

12 Eine ausführliche Darstellung der Empirie findet sich in Kühl 2001d.

13 Statt auf eine Vielzahl von Einzelstudien sei nur auf die frühe Metaanalyse von Beekun (1989) verwiesen.

14 Siehe dazu schon die umgekehrte Beobachtung von Blau (1968: 453ff.), dass bei einer niedrigen Qualifikation des Personals die Kontrollspannen der Führungskräfte gering sind und deswegen die Hierarchie in der Organisation ausgeprägt ist.

15 Eine längere Fassung mit genaueren Angaben zu den in dem Kapitel präsentierten Unternehmen findet sich in Kühl 2002.

16 Zur Rolle der Beratungsfirmen siehe früh schon Eccles/Nohria 1992.

Literatur

Ackroyd, Stephen/Burrell, Gibson/Hughes, Michael/Whitaker, Alan (1988), The Japanisation of British Industry?, *Industrial Relations Journal*, Jg. 19, S. 11–23.

Altmann, Norbert/Binkelmann, Peter/Düll, Klaus/Stück, Heiner (1982), *Grenzen neuer Arbeitsformen. Betriebliche Arbeitsstrukturierung, Einschätzung durch Industriearbeiter, Beteiligung der Betriebsräte*, Frankfurt/New York: Campus.

Antoni, Conny H. (1996), *Teilautonome Arbeitsgruppen. Ein Königsweg zu mehr Produktivität und einer menschengerechten Arbeit?*, Weinheim: PVU.

Argyris, Chris (1985), *Strategy, Change and Defensive Routines*, London: Pitman.

Baecker, Dirk (1999), *Organisation als System*, Frankfurt/M.: Suhrkamp.

Baker, Wayne E. (1990), Market Networks and Corporate Behavior, *American Journal of Sociology*, Jg. 96, S. 589–625.

Bardmann, Theodor M. (1994), *Wenn aus Arbeit Abfall wird. Aufbau und Abbau organisatorischer Realitäten*, Frankfurt/M.: Suhrkamp.

Barnard, Chester I. (1938), *The Functions of the Executive*, Cambridge: Harvard University Press.

Bartlett, Christopher/Ghoshal, Sumantra (1995), Die wahre Aufgabe des Topmanagements heute, *HarvardBusinessManager*, H. 2, S. 56–65.

Beekun, Rafik I. (1989), Assessing the Effectiveness of Sociotechnical Interventions. Antidote or Fad?, *Human Relations*, Jg. 42, S. 877–897.

Bendell, Tony (2006), A Review and Comparison of Six Sigma and the Lean Organisations, *The TQM Magazine*, Jg. 18, S. 255–262.

Berger, Ulrike (1984), *Wachstum und Rationalisierung der industriellen Dienstleistungsarbeit*, Frankfurt/New York: Campus.

Berger, Ulrike (1988), Rationalität, Macht und Mythen, in: Willi Küpper/Günther Ortmann (Hg.), *Mikropolitik Rationalität, Macht und Spiele in Organisationen*, Opladen: WDV, S. 115–130.

Blau, Peter M. (1968), The Hierarchy of Authority in Organizations, *American Journal of Sociology*, Jg. 73, S. 453–467.

Braverman, Harry (1974), *Labor and Monopoly Capital. The Degradation of Work in the Twentieth Century*, New York/London: Monthly Review Press.

Brunsson, Nils (1989), The Organization of Hypocrisy: Talk, Decisions and Actions in Organizations. Chichester: Wiley.

Brunsson, Nils (1993), The Necessary Hypocrisy, *International Executive*, Jg. 35, S. 1–9.

Brunsson, Nils (2003), Organized Hypocrisy, in: Barbara Czarniawska/Guje Sevón (Hg.), *The Northern Lights. Organization Theory in Scandinavia*, Kopenhagen/Malmö/Oslo: Copenhagen Business School Press, S. 201–222.

Brunsson, Nils/Olsen, Johan P. (1993), *The Reforming Organization*, London/NewYork: Routledge.

Buroway, Michael (1979), *Manufacturing Consent*, Chicago/London: The University of Chicago Press.

Castoriadis, Cornelius (1997), *Gesellschaft als imaginäre Institution. Entwurf einer politischen Philosophie*, 2. Aufl., Frankfurt/M.: Suhrkamp.

Child, John/Ganter, Hans-Dieter/Kieser, Alfred (1987), Technological Innovation and Organizational Conservatism, in: Johannes M. Pennings/Arend Buitendam (Hg.), *New Technology as Organizational Innovation. The Development and Diffusion of Microelectronics*, Cambridge: Ballinger, S. 87–115.

Coase, Ronald H. (1937), The Nature of the Firm, *Economica*, Jg. 17, S. 386–405.

Commons, John R. (1924), *Legal Foundations of Capitalism*, New York: Macmillan.

Crozier, Michel (1964), *The Bureaucratic Phenomenon*, London: Tavistock.

Crozier, Michel/Friedberg, Erhard (1979), *Macht und Organisation. Die Zwänge kollektiven Handeln*, Königstein/Ts.: Athenäum.

Cyert, Richard M./March, James G. (1963), *A Behavorial Theory of the Firm*, Englewood Cliffs: Prentice-Hall.

David, Paul A. (1985), Clio and the Economics of QWERTY, *The American Economic Review*, Jg. 75, S. 332–337.

David, Paul A. (1986), Understanding the Economics of QWERTY: The Necessity of History, in: William N. Parker (Hg.), *Economic History and the Modern Economist*, Oxford: Blackwell, S. 30–49.

Deal, Terrence E./Kennedy, Allan A. (1982), *Corporate Cultures. The Rites and Rituales of Corporate Life*, Reading: Addison-Wesley.

DiMaggio, Paul J. (1988), Interest and Agency in Institutional Theory, in: Lynne G. Zucker (Hg.), *Institutional Patterns and Organizations. Culture and Environment*, Cambridge: Ballinger, S. 3–21.

DiMaggio, Paul J./Powell, Walter W. (1983), The Iron Cage Revisited: Institutional Isomorphism and Collective Rationality in Organizational Fields, *American Sociological Review*, Jg. 48, S. 147–160.

Doppler, Klaus/Lauterburg, Christoph (1995), *Change Management. Den Unternehmenswandel gestalten*, Frankfurt/New York: Campus.

Eccles, Robert G./Nohria, Nitin (1992), *Beyond the Hype: Rediscovering the Essence of Management*, Cambridge: Harvard Business School Press.

Edwards, Richard C. (1979), *Contested Terrain*, New York: Basic Books.

Farson, Richard (1997), *Management of the Absurd. Paradoxes in Leadership*, New York: Touchstone.

Faust, Michael/Jauch, Peter/Deutschmann, Christoph (1998), Reorganisation des Managements: Mythos und Realität des »Intrapreneurs«, *Industrielle Beziehungen*, Jg. 5, S. 101–118.

Frese, Erich/Beecken, Tessa (1995), Dezentrale Unternehmungsstrukturen, in: Hans Corsten/Michael Reiß (Hg.), *Handbuch Unternehmensführung: Konzepte, Instrumente, Schnittstellen*, Wiesbaden: Gabler, S. 133–145.

Friedberg, Erhard (1993), *Le pouvoir et la règle. Dynamiques de l'action organisée*, Paris: Seuil.

Fröhlich, Dieter/Pekruhl, Ulrich (1996), *Direct Participation and Organisational Change. Fashionable but Misunderstood? An Analysis of Recent Research in Europe, Japan and the USA.* Dublin: European Foundation for the Improvement of Living and Working Conditions.

Gouldner, Alvin W. (1954), *Patterns of Industrial Bureaucracy*, New York: Free Press.

Grabher, Gernot (1993), The Weakness of Strong Ties. The Lock-in of Regional Development in the Ruhr Area, in: Gernot Grabher (Hg.), *The Embed-*

ded Firm. On the Socioeconomics of Industrial Networks, London/New York: Routledge, S. 255–277.

Gutenberg, Erich (1983), *Grundlagen der Betriebswirtschaftslehre. Die Produktion.* 24. Aufl., Berlin: Springer.

Hannan, Michael T./Freeman, John (1977), The Population Ecology of Organizations, *American Journal of Sociology*, Jg. 82, S. 929–964.

Hedberg, Bo (1981), How Organizations Learn and Unlearn, in: Paul C. Nystrom/William H. Starbuck (Hg.), *Handbook of Organizational Design*, Oxford: Oxford University Press, S. 3–27.

Hirsch, Paul M. (1986), From Ambushes to Golden Parachutes. Corporate Takeovers as an Instance of Cultural Framing and Institutional Integration, *American Journal of Sociology*, Jg. 91, S. 800–837.

Hodgson, Damian E. (2004), Project Work: The Legacy of Bureaucratic Control in the Post-Bureaucratic Organization, *Organization*, Jg. 11, S. 81–100.

Hodgson, Damian E./Briand, Louise (2013), Controlling the Uncontrollable: »Agile« Teams and Illusions of Autonomy in Creative Work, *Work, Employment & Society*, Jg. 27, S. 308–325.

Imai, Masaaki (1992), *Kaizen: der Schlüssel zum Erfolg der Japaner im Wettbewerb*, München: Langen Müller Herbig.

Juran, Josef M. (1991), *Handbuch der Qualitätsplanung*, 3. überarb. Aufl., Landsberg am Lech: Moderne Industrie.

Kieser, Alfred (1994), Fremdorganisation, Selbstorganisation und evolutionäres Management, *Zeitschrift für betriebswirtschaftliche Forschung*, Jg. 46, S. 199–228.

Koch, Rainer (1993), Entscheidungsstile und Entscheidungsverhalten von Führungskräften öffentlicher Verwaltungen, *Verwaltung und Fortbildung*, Jg. 21, S. 179–197.

Kötter, Wolfgang/Kullmann, Gerd (1996), Arbeitsorganisation im Jahr 2000, *STZ*, H. 5/1996, S. 41–43.

Kühl, Stefan (2000), Grenzen der Vermarktlichung. Die Mythen um unternehmerisch handelnde Mitarbeiter, *WSI-Mitteilungen*, Jg. 53, S. 818–828.

Kühl, Stefan (2001a), Die Heimtücke der eigenen Organisationsgeschichte. Paradoxien auf dem Weg zum dezentralisierten Unternehmen, *Soziale Welt*, Jg. 52, S. 383–402

Kühl, Stefan (2001b), Paradoxe Effekte und ungewollte Nebenfolgen des Qualitätsmanagements. Ansätze für einen Qualitätsdiskurs jenseits des zweckrationalen Paradigmas, in: Hartmut Wächter/Günther Vedder (Hg.), *Qualitätsmanagement in Organisationen DIN ISO 9000 und TQM auf dem Prüfstand,* Wiesbaden: Gabler, S. 75–114.

Kühl, Stefan (2001c), Zentralisierung durch Dezentralisierung. Paradoxe Effekte bei Führungsgruppen, *Kölner Zeitschrift für Soziologie und Sozialpsychologie,* Jg. 53, S. 284–313.

Kühl, Stefan (2001d), Über das erfolgreiche Scheitern von Gruppenarbeitsprojekten. Rezentralisierung und Rehierarchisierung in Vorreiterunternehmen der Dezentralisierung, *Zeitschrift für Soziologie,* Jg. 30, S. 199–222.

Kühl, Stefan (2002), Innovation statt Imitation. Wie verändern sich Organisationsleitbilder?, *Industrielle Beziehungen,* Jg. 9, S. 157–185.

Kühl, Stefan (2004), *Arbeits- und Industriesoziologie,* Bielefeld: Transcript.

Kühl, Stefan (2007), Formalität, Informalität und Illegalität in der Organisationsberatung. Systemtheoretische Analyse eines Beratungsprozesses, *Soziale Welt,* Jg. 58, S. 269–291.

Kühl, Stefan (2008), *Coaching und Supervision. Zur personenorientierten Beratung in Organisationen,* Wiesbaden: VS Verlag für Sozialwissenschaften.

Kühl, Stefan (2011), *Organisationen. Eine sehr kurze Einführung,* Wiesbaden: VS Verlag für Sozialwissenschaften.

Kühl, Stefan (2015a), *Wenn die Affen den Zoo regieren. Die Tücken der flachen Hierarchien,* 6. überarb. Aufl., Frankfurt/New York: Campus.

Kühl, Stefan (2015b), *Das Regenmacher-Phänomen. Widersprüche im Konzept der lernenden Organisation,* 2. überarb. Aufl., Frankfurt/New York: Campus.

Kühl, Stefan (Hg.) (2015c), *Schlüsselwerke der Organisationsforschung,* Wiesbaden: Springer VS.

Lattmann, Charles (1972), *Das norwegische Modell der selbstgesteuerten Arbeitsgruppe. Beitrag zur Verwirklichung der Mitbestimmung am Arbeitsplatz,* Bern: Paul Haupt.

Legge, Karen (2002), On Knowledge, Business Consultants and the Selling of TQM, in: Timothy Clark/Robin Fincham (Hg.), *Critical Consulting. New Perspectives on the Management Advice Industry,* Oxford/Malden: Blackwell, S. 74–92.

Likert, Rensis (1972), *Neue Ansätze der Unternehmensführung*, Bern/Stuttgart: Paul Haupt.

Luhmann, Niklas (1964), *Funktionen und Folgen formaler Organisation*, Berlin: Duncker & Humblot.

Luhmann, Niklas (1966), *Recht und Automation in der öffentlichen Verwaltung. Eine verwaltungswissenschaftliche Untersuchung*, Berlin: Duncker & Humblot.

Luhmann, Niklas (1969), *Legitimation durch Verfahren*, Neuwied/Berlin: Luchterhand.

Luhmann, Niklas (1971), *Politische Planung. Aufsätze zur Soziologie von Politik und Verwaltung*, Opladen: WDV.

Luhmann, Niklas (1973), *Zweckbegriff und Systemrationalität. Über die Funktion von Zwecken in sozialen Systemen*. Frankfurt/M.: Suhrkamp.

Luhmann, Niklas (1988), Organisation, in: Willi Küppers/Günther Ortmann (Hg.), *Mikropolitik. Rationalität, Macht und Spiele in Organisationen*, Opladen: WDV, S. 165–186.

Luhmann, Niklas (1989), Kommunikationssperren in der Unternehmensberatung, in: Niklas Luhmann/Peter Fuchs (Hg.), *Reden und Schweigen*, Frankfurt/M.: Suhrkamp, S. 209–227.

Luhmann, Niklas (1993), Die Paradoxie des Entscheidens, *Verwaltungsarchiv*, Jg. 84, S. 287–310.

Luhmann, Niklas (1995), *Funktionen und Folgen formaler Organisation*, 4. Aufl., Berlin: Duncker & Humblot.

Luhmann, Niklas (1997), *Die Gesellschaft der Gesellschaft*, Frankfurt/M.: Suhrkamp.

Luhmann, Niklas (2000), *Organisation und Entscheidung*, Opladen: WDV.

March, James G. (1962), The Business Firm as a Political Coalition, In: *The Journal of Politics*, Jg. 24, S. 662–678.

March, James G. (1994), *A Primer on Decision Making. How Decisions Happen*, New York: Free Press.

March, James G./Simon, Herbert A. (1958), *Organizations*, New York: John Wiley.

McSweeney, Brendan (2006), Are We Living in a Post-Bureaucratic Epoch?, *Journal of Organizational Change Management*, Jg. 19, S. 22–37.

Mechanic, David (1962/1963), Sources of Power of Lower Participants in Complex Organizations, *Administrative Science Quarterly*, Jg. 7, S. 349–364.

Meyer, Marshall W. (1979), Organizational Structure as Signaling, *Pacific Sociological Review*, Jg. 22, S. 481–500.

Meyer, John W./Rowan, Brian (1977), Institutionalized Organizations. Formal Structure as Myth and Ceremony, *American Journal of Sociology*, Jg. 83, S. 340–363.

Meyer, Marshall W./Zucker, Lynne (1989), *Permanently Failing Organizations*, London: Sage.

Micklethwait, John/Wooldridge, Adrian (1996), *The Witch Doctors. Making Sense of the Management Gurus*, London: William Heinemann.

Midler, Christoph (1986), Logiques des modes manageriales, *Gérer et Comprendre*, H. 3, S. 74–85.

Mintzberg, Henry (1979), *The Structuring of Organization. A Synthesis of the Research*, Englewood Cliffs: Prentice-Hall.

Mintzberg, Henry/Ahlstrand, Bruce/Lampel, Joseph (1999), *Strategy Safari. Eine Reise durch die Wildnis des strategischen Managements*, Wien: Ueberreuter.

Moullet, Michel (1983), *La concurrence organisée*, Paris: Doktorarbeit am IEP Paris.

Neuberger, Oswald (2000), *Das 360 Grad-Feedback. Alles fragen? Alles sehen? Alles sagen?*, München/Mering: Rainer Hampp.

Ortmann, Günther (1994), »Lean«. Zur rekursiven Stabilisierung von Kooperation, in: Georg Schreyögg/Peter Conrad (Hg.), *Managementforschung 4*, Berlin/New York: de Gruyter, S. 143–184.

Peters, Klaus (1999), Woher weiß ich, was ich selber will? Die Abschaffung der Stempeluhr bei IBM und die Frage nach den Interessen der Arbeitnehmer, *Denkanstöße*, H. 2, S. 3–10.

Peters, Thomas J./Waterman, Robert H. (1983), *Auf der Suche nach Spitzenleistungen. Was man von den bestgeführten US-Unternehmen lernen kann*, Landsberg am Lech: Moderne Industrie.

Polanyi, Karl (1957), *The Great Transformation*, Boston: Beacon Press.

Pongratz, Hans J./Voß, Günther G. (1997), Fremdorganisierte Selbstorganisation. Eine soziologische Diskussion aktueller Managementkonzepte, *Zeitschrift für Personalforschung*, Jg. 11, S. 30–53.

Scott, W. Richard (1986), *Grundlagen der Organisationstheorie.* Frankfurt/New York: Campus.

Seibel, Wolfgang (1991), Erfolgreich scheiterne Organisationen. Zur politischen Ökonomie des Organisationsversagens, *Politische Vierteljahresschrift*, Jg. 32, S. 479–496.

Seibel, Wolfgang (1992), *Funktionaler Dilettantismus. Erfolgreich scheiternde Organisationen im »Dritten Sektor« zwischen Markt und Staat*, Baden-Baden: Nomos.

Selznick, Philip (1957), *Leadership in Administration*, Evanston: Row Peterson.

Simon, Fritz B. (1997), *Die Kunst, nicht zu lernen. Und andere Paradoxien in Psychotherapie, Management, Politik*, Heidelberg: Carl-Auer Verlag.

Simon, Herbert A. (1978), Die Architektur der Komplexität, in: Klaus Türk (Hg.), *Handlungssysteme*, Opladen: WDV, S. 94–112.

Snow, David A. (1993), *Shakubuku. A Study of the Nichiren Shoshu Buddhist Movement in America, 1960–1975*, New York/London: Garland.

Spence, A. Michael (1974), *Market Signaling. Informational Transfer in Hiring and Related Screening Processes*, Cambridge: Harvard University Press.

Sprenger, Reinhard K. (1997), Mit Appetitzüglern ernährt, *Wirtschaftswoche,* 8.5.1997, S. 146.

Starbuck, William H. (1988), Surmounting Our Human Limitations, in: Robert E. Quinn/Kim S. Cameron (Hg.), *Paradox and Transformation: Toward a Theory of Change in Organization and Management,* Cambridge: Ballinger, S. 65–80.

Strang, David (1997), *Cheap Talk. Managerial Discourse on Quality Circles as an Organizational Innovation*, Toronto: Paper presented at the Annual Meeting of the American Sociological Association, Toronto.

Strang, David/Meyer, John W. (1993), Institutional Conditions for Diffusions, *Theory and Society*, Jg. 22, S. 487–511.

Sturdy, Andrew/Wright, Christopher/Wylie, Nick (2014), Managers as Consultants: The Hybridity and Tensions of Neo-Bureaucratic Management, *Organization*, Jg. 21, S. 1–22.

Thompson, James D. (1967), *Organizations in Action*, New York: McGraw-Hill.

Türk, Klaus (1995), *Die Organisation der Welt. Herrschaft durch Organisation in der modernen Gesellschaft*, Opladen: WDV.

Udy, Stanley H. (1959), Bureaucracy and Rationality in Weber's Organization Theory, *American Sociological Review*, Jg. 24, S. 791–795.

Vansina, Leopold S./Taillieu, Tarsi (1996), Business Process Reengineering oder soziotechnisches Systemdesign in neuen Kleidern?, in: Gerhard Fatzer (Hg.), *Organisationsentwicklung und Supervision: Erfolgsfaktoren bei Veränderungsprozessen.* Köln: Edition Humanistische Psychologie, S. 19–44.

Warnecke, Hans-Jürgen (1992), *Die Fraktale Fabrik. Revolution der Unternehmenskultur*, Berlin: Springer.

Weber, Max (1976), *Wirtschaft und Gesellschaft*, 5. Aufl., Tübingen: J.C.B. Mohr.

Weber, Wolfgang G. (1997), *Analyse von Gruppenarbeit. Kollektive Handlungsregulation in soziotechischen Systeme,* Bern: Huber.

Weick, Karl E. (1976), Educational Organizations as Loosely Coupled Systems, *Administrative Science Quarterly*, Jg. 21, S. 1–19.

Weltz, Friedrich (2011), *Nachhaltige Innovation. Ein industriesoziologischer Ansatz zum Wandel in Unternehmen*, Berlin: Edition Sigma.

White, Harrison C./Eccles, Robert G. (1986), Control via Concentration, *Sociological Forum*, Jg. 1, S. 131–157.

Wittel, Andreas (1998), Gruppenarbeit und Arbeitshabitus, *Zeitschrift für Soziologie*, Jg. 27, S. 178–192.

Womack, James P./Jones, Daniel T./Ross, Daniel (1990), *The Machine that Changed the World,* New York: Maxwell Macmillan International.